Oceani. 242

Dello stesso autore
presso La nave di Teseo

Treno di panna
Uccelli da gabbia e da voliera
Macno
Yucatan
Due di due
Tecniche di seduzione
Arcodamore
Uto
Di noi tre
Nel momento
Pura vita
I veri nomi
Giro di vento
Mare delle verità
Durante
Leielui
Villa Metaphora
Cuore primitivo
L'imperfetta meraviglia
Una di Luna
Il teatro dei sogni
Io, Jack e Dio

I vestiti di Batuc (con Malina De Carlo)

Andrea De Carlo

La geografia del danno

La nave di Teseo

Questa è una storia vera, i cui personaggi appartengono alla famiglia dell'autore. Qualunque coincidenza con nomi, caratteristiche fisiche, professioni di persone estranee alla sua famiglia è puramente casuale: non è di loro che si parla qui.

ISBN 978-88-346-1877-6

Prima edizione La nave di Teseo novembre 2024

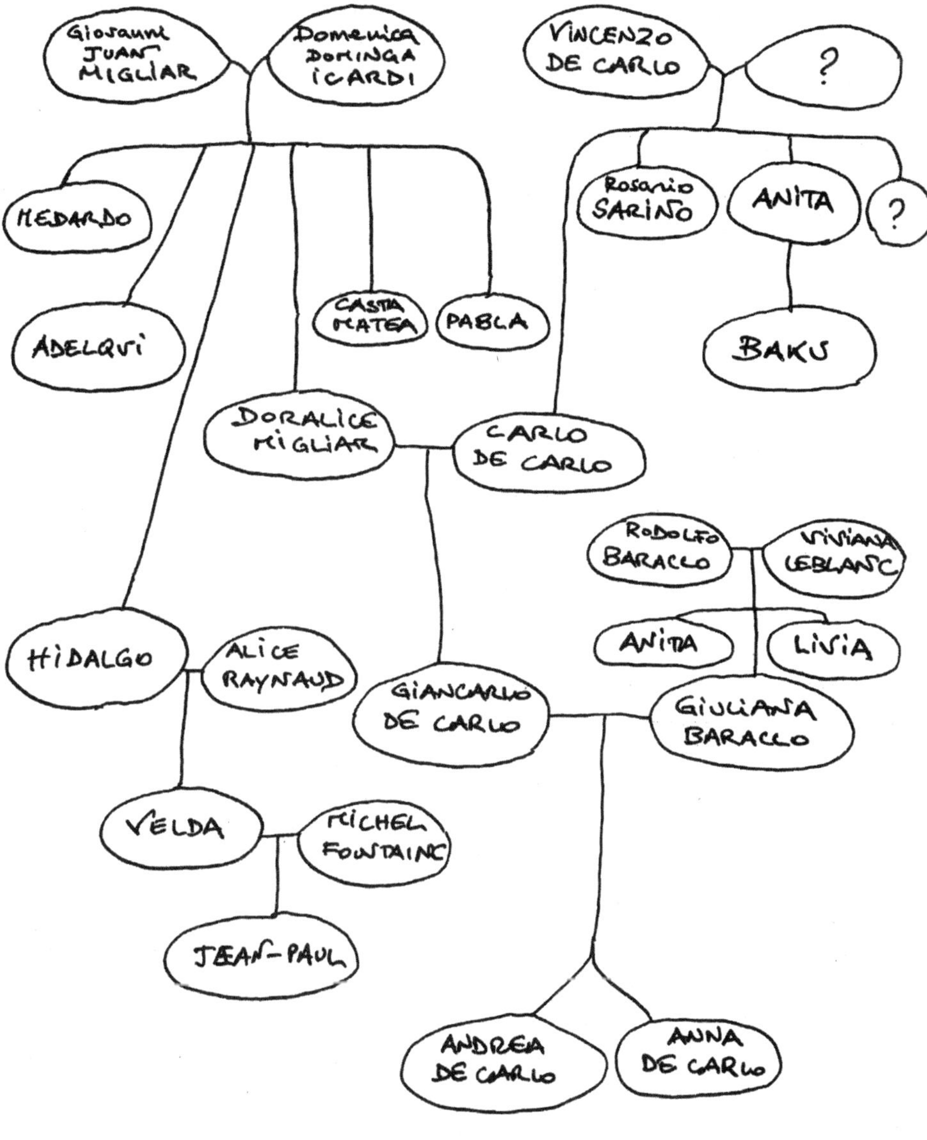

Albero genealogico delle famiglie Migliar e De Carlo.

Un giorno di parecchi anni fa mio padre ha invitato a pranzo me e mia sorella

Un giorno di parecchi anni fa mio padre ha invitato a pranzo me e mia sorella, e quando abbiamo finito di mangiare si è alzato da tavola e ha detto "Volevo dirvi che vostra nonna è morta".

"Quale nonna?" ho detto io, attraverso la cortina di non-comprensione che era calata improvvisa tra noi. Mia sorella stava zitta, ma aveva un'espressione simile alla mia. Mia madre sembrava assorta in una voce dell'*Encyclopædia Britannica*, seduta al tavolo ovale già sparecchiato a parte i bicchieri. Quando mangiavamo insieme spesso saltavano fuori dubbi che richiedevano chiarimenti immediati, e uno di noi andava a tirare fuori dalla libreria un volume dalla copertina bordeaux con le scritte dorate.

"Mia madre, no?" ha risposto mio padre, come davanti alla più ottusa delle domande.

Ho guardato mia sorella, che continuava a non parlare. Dalle porte-finestre entravano luce lattea e spifferi di aria fredda, nel grande soggiorno al nono piano del palazzo che era stato molto moderno negli anni settanta.

Ho detto a mio padre "Ma non era morta quando avevi due anni?"

"Evidentemente no" ha detto lui, si muoveva a passi nervosi sul pavimento di marmo chiaro così poco corrispondente allo spirito della nostra famiglia.

Avevo sempre considerato l'essere orfano a metà uno degli elementi determinanti del suo carattere, del suo legame con nostra madre, dei suoi rapporti con le donne e con il mondo.

"Quindi avete mantenuto una barriera di bugie per decenni" ho detto, e mi tremava un po' la voce. "Con allucinante, inscalfibile complicità."

"Che orrenda scelta di parole" ha detto mia madre.

"Che orrenda scelta di *comportamenti*" ho detto io.

Lei ha chiuso il volume dell'enciclopedia, l'ha rimesso nella libreria, ha raccolto i bicchieri ed è uscita dal soggiorno.

"Ho scoperto che era viva solo quando ho compiuto diciott'anni" ha detto mio padre, ma non in tono di giustificazione.

"Come l'hai scoperto?" ha detto mia sorella, che aveva sempre avuto con lui un rapporto molto più stretto del mio.

"Un avvocato mi ha scritto per dirmi che lei avrebbe voluto vedermi."

"E tu?" ha detto mia sorella.

"Gli ho risposto che non se ne parlava neanche" ha detto mio padre.

"E la nonna?" ha detto mia sorella.

"La nonna niente" ha detto mio padre.

"Non ha cercato di farsi viva in altri modi?"

"No."

La nonna Doralice (pronunciato Doralìs) Migliar, l'attrice cilena che aveva folgorato il nonno Carlo con la sua apparizione in uno spettacolo messo in scena a Genova dalla compagnia teatrale di famiglia. La bella donna esotica che tante volte avevo immaginato in base agli scarni racconti della zia Anita, con cui nostro padre era cresciuto a Livorno e più tardi a Tunisi. Le informazioni sulla nonna cilena si limitavano a descrizioni sommarie del suo aspetto, della sua eccentrica famiglia di origine, del fatto che una volta sposata si annoiava in casa e lasciava mio padre piccolissimo da solo per andarsene al porto a incontrare i suoi connazionali. In ogni caso poco dopo era morta: chiusa lì.

Non era facile adesso riconfigurare tutta la storia, mentre guardavo mio padre spostarsi tra le sedie di Alvar Aalto, il dondolo Thonet, il divano angolare di design a cui mia madre aveva strappato i cuscini di pelle originali per sostituirli con altri colorati e scompagnati. La scomodità creativa di quel soggiorno rifletteva un rifiuto programmatico del comfort che si sarebbe dato per scontato nella casa di un architetto e urbanista di fama internazionale. Era un appartamento paradossale, grande e luminoso ma non accogliente, troppo freddo d'inverno e troppo caldo d'estate, con lunghi corridoi costeggiati da armadi bianchi a muro. Nelle stanze separate dei nostri genitori c'erano due pesanti letti coloniali inglesi di metallo con piccole ruote, che li facevano viaggiare sul pavimento appena loro appoggiavano la testa al muro. Li avevano comprati da un antiquario e se ne lamentavano spesso, ma non li avevano mai cambiati, forse perché li vedevano come simboli della loro eccentrica instabilità. L'unico lusso a cui nostra madre teneva era lo spazio e il non avere nessuno sopra la testa; e nostro padre aveva preferito vivere in una casa progettata da altri pur di azzerare in partenza le possibili critiche alle sue scelte architettoniche.

Ho detto “Ci avete nascosto in modo sistematico la nostra unica nonna vivente”. Facevo ancora fatica a crederci. Lo sguardo di mia sorella era rivolto in basso, dove un nautilo preistorico era fossilizzato per sempre nel marmo.

Nello sguardo di mio padre invece c’erano bagliori di sfida. Ha detto “Mi spieghi che differenza avrebbe fatto sapere se avevate o non avevate una nonna?”

“Una differenza enorme!” ho detto, e il mio tono non esprimeva nemmeno una piccola parte dell’indignazione che continuava a montarmi dentro. “La differenza tra l’essere dei naufraghi sulla zattera di una famiglia quadrilatera persa nell’oceano e il poter intravedere una minima sponda all’orizzonte!”

“Ma figurati, cosa ti stai inventando, adesso?” Mio padre aveva il tono derisorio che conoscevo fin troppo bene, aggressivo-difensivo. È uscito anche lui dal soggiorno, se n’è andato a fare la sua pennichella quotidiana di venti minuti prima di tornarsene al suo grande studio, ai suoi collaboratori devoti e alle cose che gli interessavano davvero.

Ho aperto una delle porte-finestre, sono uscito sul balcone che girava tutto intorno al soggiorno, ho guardato al di là dei tralci rampicanti di gelsomino e caprifoglio: il paesaggio desolato di officine, magazzini, spiazzi, alberelli stentati di quella che allora era una semiperiferia e oggi è una delle zone più desiderabili di Milano. Da quello stesso balcone parecchi anni prima era precipitata un’anitra bianca a cui mia sorella e io eravamo molto affezionati e che ci seguiva dappertutto in cerca di rassicurazioni, con la sua andatura oscillante e il suo richiamo reiterato. Non era sopravvissuta alla caduta, perché apparteneva a una razza da carne con ali troppo piccole rispetto al peso del corpo. Solo pochi mesi dopo una gatta soriana di nome Filine aveva fatto lo stesso volo di nove piani ed era sopravvissuta senza danni, grazie a una siepe che ne aveva attutito la caduta. Ero sceso con in testa immagini raccapriccianti e in mano un sacchetto per raccogliere il povero corpo sfracellato, e invece l'avevo trovata che si guardava intorno, sorpresa. Ma da quel lungo balcone a L nel corso degli anni era caduto di tutto, mentre io e mia sorella da bambini diventavamo adolescenti: tappeti persiani, una palla di marmo per rammendo che avrebbe potuto uccidere chiunque, una pianta in vaso buttata giù da mia madre in una notte di primavera per interrompere di schianto l'abbraccio di mia sorella con il suo primo ragazzo. Sempre mia madre in un giorno d'estate aveva fatto volare la borsetta di pelle che mio padre le aveva portato al ritorno da un viaggio: ho ancora in mente l'intera sequenza dei gesti con cui lei aveva scartato la confezione, contemplato per un istante il regalo e lo aveva lanciato fuori, a grande distanza.

Sono rientrato nel soggiorno, con una sensazione di perplessità generalizzata. Mia sorella mi guardava, attraverso lo spazio mal definito. Ho detto "È una storia allucinante, questa".

Lei non ha detto niente, ma i suoi pensieri non erano difficili da intuire.

Da bambino non è che mi fossi mai interrogato molto sui miei antenati

Da bambino non è che mi fossi mai interrogato molto sui miei antenati, mi sembrava già abbastanza complicato decifrare gli aspetti meno comprensibili dei miei genitori. È una visione a cortissimo raggio tipica dell'infanzia, dove tutto gira intorno a un nucleo ristretto. Poi con l'arrivo dell'adolescenza tendi a concentrarti sulla definizione di te stesso in rapporto al mondo; sei preso dalla smania di dissociarti dalle origini, affermare la tua indipendenza mentale e fisica, inseguire un'unicità difficile da agguantare. Ti sembra di essere finalmente libero dal ruolo di comparsa nel piccolo teatro della tua famiglia, sbandieri il tuo senso di non appartenenza come un merito conquistato sul campo. Sei convinto di poterti allontanare anni luce dai tuoi genitori e dai loro caratteri, dai difetti e anche dalle qualità che conosci fin troppo bene. Credi di capire cose che loro incredibilmente non hanno capito, di riuscire a vederne altre di cui loro non sono nemmeno consapevoli. Ti inoltri nella vita persuaso di essere una versione più evoluta delle precedenti nella tua linea di sangue: più agganciata al futuro, più rapida, più smaliziata, meno impastoiata da vecchie idee, convinzioni, obblighi. Ti senti un ribelle, un rivoluzionario, un personaggio da film o da romanzo, che si scrolla tutta la zavorra di dosso e non ha certo bisogno di una famiglia per essere se stesso. Stabilisci distanze geografiche, rinforzi al massimo i tuoi confini personali. Per qualche tempo hai la convinzione di riuscirci, semplicemente assecondando l'insofferenza che ti attraversa. Fai piani di battaglia, inventi strategie, studi vie di fuga; ti aspetti rivelazioni, illuminazioni, incontri sconvolgenti. Dipingi sulla tela bianca, pizzichi le corde, batti sul tamburo, giochi con le parole, esplori i lati in ombra, fai inventari di luoghi e sensazioni, classifichi persone, attribuisci nomi. Sei il protagonista al centro della scena, anche se il ruolo è faticoso da sostenere e il tecnico delle luci non segue sempre i tuoi movimenti, il suggeritore sparisce senza avvisarti e il pubblico si distrae appena stenti a trovare una battuta efficace.

Poi arriva il momento in cui diventi consapevole dei tuoi difetti e qualità, e scopri quanto siano simili a quelli dei tuoi genitori, anche se detesti l'idea. Ti rendi conto di aver ricevuto in eredità non solo alcuni tratti del viso e altre caratteristiche del tuo corpo, ma qualcosa di più intangibile, a cui non c'è verso di sottrarsi. È una miscela di predisposizioni e idiosincrasie, doti naturali e carenze; e inevitabilmente provi rancore per le lacune più di quanto provi riconoscenza per i doni. Ti sembra un enorme spreco di energie avere cercato con tanta determinazione di allontanarti per poi tornare indietro; e allo stesso tempo ti sembra inevitabile. Non è colpa tua se non sei riuscito a sfuggire alle leggi della trasmissione genetica che riproduce e accentua le caratteristiche degli individui attraverso le generazioni, e nel farlo non ricrea solo lo scatto fulmineo del ghepardo, ma anche la lentezza esasperante del bradipo. I legami non li hai mai davvero recisi, li hai solo tirati come elastici molto resistenti, che alla fine ti ritrascinano verso le origini.

È allora che cominci a chiederti dove sia iniziata la catena di ripercussioni che ha determinato quello che sei. Ti guardi indietro per capire da dove arrivino le tue caratteristiche naturali, provi a rintracciare rapporti di causa ed effetto. Ti chiedi come sia possibile non aver mai fatto domande più incalzanti a tuo padre, a tua madre e agli altri parenti disponibili, non aver mai trovato il tempo e la volontà di pretendere delle risposte. È allora che scopri che ti mancano troppe informazioni, e che raccoglierne è molto più difficile di come sarebbe stato decenni o anche solo anni prima, quando ti sembrava di non averne nessuna voglia né bisogno.

Sono riuscito a ritrovare quattro foto in fondo a un cassetto

Sono riuscito a ritrovare quattro foto in fondo a un cassetto, copie di vecchie stampe che mia madre aveva tenuto dentro un armadio, in una scatola da scarpe di cartone bianco. Me le aveva date mia sorella anni fa, mi ero quasi dimenticato di averle.

Una ritrae il mio bisnonno siciliano Vincenzo De Carlo insieme alla mia bisnonna, di cui non so il nome. Le loro figure a mezzo busto si stagliano con sorprendente nitidezza sullo sfondo dello studio fotografico: lui con il pizzetto bianco e gli occhi chiari ingranditi dalle lenti degli occhiali, lei con una fisionomia arcaica, i capelli sale e pepe raccolti in uno chignon. Guardano di lato, lui leggermente verso l'alto e lei leggermente verso il basso; lui ha sulle labbra l'accenno forse di una domanda, lei un'espressione da sfinge. Tutti e due vestiti di scuro per l'occasione importante; la luce rimbalza sulla camicia bianca dal colletto perfettamente inamidato di lui, si riflette sui bottoni perlacei del cardigan di lei.

Quest'altra foto è stata scattata in uno studio come la prima, più o meno negli stessi anni, a giudicare dalla bianchezza dei baffi del mio bisnonno cileno Migliar, di cui anche non conosco il nome. Però invece che insieme a sua moglie si è fatto ritrarre con un cane, che appoggia le zampe anteriori sul bracciolo di una curiosa sedia. Anche gli occhi di questo bisnonno sono chiari, ma i suoi abiti e la sua posa sono ben diversi dalla compostezza formale di quello siciliano. Sembra colto quasi a metà movimento, tanto che il suo piede destro e il suo sottile bastone nodoso risultano parzialmente sfocati. Il suo completo a doppiopetto è tutt'altro che stirato alla perfezione, così come il lungo cappotto a strisce, con collo e polsini di pelliccia scura arruffata. Ha un cappello in testa e una cravatta a bavetta che sembra argentata; guarda leggermente di lato, la sua espressione è più insofferente che solenne. Il cane è un meticcio di media taglia, ha una museruola di cuoio chiaro intrecciato simile alle capezze dei cavalli sudamericani, e un collare forse con sonagli nascosti in parte dal pelo. La seggiola di legno intarsiato su cui è sistemato ha un'insolita struttura ad archi contrapposti, alla cui congiunzione è scolpita una faccia di scimmia. Sembra il ritratto di un uomo eccentrico, se non proprio del saltimbanco tratteggiato in modo sommario e non certo benevolo dalla zia Anita.

In quest'altro ritratto di studio ci sono la mia bisnonna cilena e mia nonna Doralice. La bisnonna è seduta su una poltrona in posa da matriarca, Doralice è in piedi di fianco a lei, potrebbe avere sedici anni. Entrambe indossano strani abiti tradizionali, né cileni né italiani. Quello della bisnonna è più elaborato, con grandi bottoni e un soprabito dal collo a V, arricchito da una pelliccia come i polsini; quello di Doralice è di una semplicità quasi monacale, con una corda per cintura. Si direbbero costumi greci o forse armeni, con alti colletti abbottonati e copricapi formati da stoffe avvolte a cerchio che ricadono come mantelle fino alla vita. La tinta vinaccia della stampa non permette di distinguere il colore dei tessuti, forse sono rossi o marroni. Fanno nascere dubbi sull'origine geografica di quel lato della mia famiglia, ma potrebbero anche essere costumi di scena, realizzati per uno spettacolo o comprati già fatti. Forse la fotografia era destinata a diventare una locandina teatrale, o un manifesto promozionale. La bisnonna in ogni caso è una figura imponente: volto ampio, occhi chiari, sguardo dritto vagamente interrogativo. Gli occhi scuri di Doralice fissano il fotografo con un'espressione accesa, metà infantile e metà adulta, le labbra socchiuse come se fosse sul punto di dire qualcosa.

Nell'ultima foto Doralice è insieme a Carlo, in un esterno probabilmente genovese. Dietro di loro c'è una siepe di gelsomino, sullo sfondo alcuni edifici alti. A differenza dei primi tre, questo è uno scatto informale: Carlo è seduto su un muretto con una mano sulla spalla di Doralice, che si appoggia alla sua gamba e regge un parasole bianco. Il parasole è inclinato, fa ombra sulle loro facce e sbilancia a sinistra tutta la composizione. Carlo indossa una paglietta e un completo estivo grigio chiaro, Doralice un vestito di lino bianco stretto in vita. I suoi capelli hanno un taglio corto e dinamico, nello stile del secondo decennio del Novecento. Porta un piccolo orologio al polso destro, ma non riesco a distinguere anelli sulle sue dita. Devono avere poco più di vent'anni tutti e due, probabilmente non sono ancora sposati. Carlo guarda verso l'obiettivo con un'espressione seria, forse appena velata di preoccupazione. Doralice è girata di tre quarti, sembra distratta da qualcosa o qualcuno fuori dall'inquadratura.

A giudicare dalla luce e dagli abiti è estate. Forse giugno del 1918? O settembre, quando mancano due mesi alla fine della prima guerra mondiale, e un anno e tre mesi alla nascita di mio padre?

La zia Anita era una donna minuta con un forte senso dell'umorismo

La zia Anita era una donna minuta con un forte senso dell'umorismo, grandi doti di raccontatrice, magnifiche qualità di cuoca. Aveva un accento toscano perché era cresciuta a Livorno e lì aveva tirato su mio padre come fosse suo figlio, prima di raggiungere insieme a lui i genitori in Tunisia, sposare un espatriato pugliese, farci un figlio vero e infine tornare in Italia. Era l'unica parente che mia madre tollerasse di avere in casa, per il suo legame con mio padre e anche perché era difficile non trovarla simpatica e interessante. Quando veniva a Milano ci portava una deliziosa caponata siciliana fatta da lei, uno dei pochi piatti di cui mio padre era ghiotto. Qualche volta aveva preso il controllo della cucina per realizzare una squisita torta di Pasqua salata, alta come un panettone, e creare dolcetti di miele, datteri e mandorle che appartenevano alla tradizione culinaria tunisina. Mia madre la lasciava fare, anche se quelle delizie non corrispondevano affatto alla natura ultrasalutare e semipunitiva dei cibi che preparava lei.

Le storie della zia Anita sul lato De Carlo della famiglia erano ricche di dettagli vividi, aneddoti coloriti, osservazioni divertenti. Però ogni volta che io e mia sorella le chiedevamo qualcosa sul lato Migliar, la narrazione diventava elusiva. Sì, la zia tratteggiava a rapide pennellate Doralice e i suoi fratelli Medardo, Hidalgo e Adelchi dai fiammeggianti occhi scuri, la svampita sorella minore Pablita che aveva affidato le proprietà di famiglia a un mascalzone dissipatore. E l'eccentrico padre e capo compagnia che faceva esperimenti di spiritismo con un pendolino d'ametista e contava i passi ad alta voce mentre camminava insieme al consuocero per le vie di Genova. La zia accennava anche con gusto parodistico alla scimmietta, al pappagallo e all'enorme cane Terranova che facevano parte del caravanserraglio cileno, e che spesso venivano utilizzati negli spettacoli teatrali. Però non c'era mai verso di avere informazioni più precise sui rapporti tra i De Carlo e i Migliar, prima e dopo il matrimonio di Carlo e Doralice; e ancora meno sulle circostanze della scomparsa di Doralice dalla vita di suo marito e di suo figlio. Una volta mia sorella aveva fatto una domanda più diretta; la zia si era irrigidita in un'espressione di chiusura siciliana, e aveva risposto "Quello che c'era da dire è già stato detto".

Mio padre era nato nel 1919

Mio padre era nato nel 1919, un anno dopo la fine della prima guerra mondiale. Posso immaginare la Genova di quegli anni, gli ambienti in cui suo padre Carlo si muoveva da quando era stato assunto al Lloyd Triestino, un innalzamento sociale notevole per un giovane ingegnere di origine siciliana nato a Tunisi, il cui padre con grandi sacrifici era riuscito a mandare i figli maschi all'accademia navale e all'università. Ancora oggi la città non è particolarmente aperta con i nuovi venuti, figuriamoci allora. Posso immaginare le giovani donne genovesi con cui Carlo aveva avuto a che fare prima del suo incontro con Doralice: i loro modi sobri, le voci contenute, gli sguardi che sfuggono.

Secondo i lacunosi e mai benevoli racconti della zia Anita, la compagnia teatrale Migliar si era fermata a Genova come prima tappa di una tournée ancora da definire, solo perché era il porto di arrivo della traversata oceanica. Non era chiaro quanto intendessero restare in città prima di spostarsi altrove, ma sicuramente c'erano rimasti abbastanza a lungo da permettere a Carlo di tornare a teatro sera dopo sera per rivedere la ragazza esotica di cui si era innamorato perdutamente. Forse le aveva fatto recapitare in camerino mazzi di rose, accompagnati da biglietti romantici sempre più appassionati. Prima o poi devono aver cominciato a vedersi anche fuori, a passeggiare per il centro o lungo il mare, a prendere il tè o il caffè insieme.

Come parlava l'italiano, Doralice? Carlo sapeva qualche parola di spagnolo? Mi immagino le loro conversazioni: il misto di frustrazione e divertimento, gli equivoci, le risate. I fratelli di Doralice partecipavano almeno ai primi incontri, per proteggere la sorella e capire chi fosse davvero l'uomo che la corteggiava? Come vedevano il ventenne siciliano che aveva investito tanto impegno e serietà nella conquista del suo ruolo presso la grande compagnia di assicurazioni dell'estremo Nord-Est? E quale effetto faceva su di lui la loro esuberanza sudamericana? Gli sembravano una banda di bislacchi commedianti? Li trovava affascinanti, o preoccupanti?

Di sicuro Carlo era rimasto incantato da una giovane donna molto più vivace e sorprendente di quelle che aveva conosciuto fino a quel momento. Doralice da parte sua doveva aver trovato insolito quell'ingegnere navale con gli occhialini senza montatura e l'impeccabile completo grigio, i modi precisi e misurati. Forse la prospettiva di un'ordinata esistenza borghese l'aveva incuriosita, quanto la colorita e irregolare esistenza da teatrante di lei aveva incuriosito lui. È probabile che le loro differenze li avessero anche un po' spaventati, ma evidentemente l'attrazione reciproca era stata così forte da travolgere ogni prudenza.

Mi immagino Doralice che cammina per una via del centro tra architetture non familiari; che osserva gli abiti e gli atteggiamenti degli altri passanti; che si ferma davanti a una vetrina e guarda il proprio riflesso. Doralice che nel camerino del teatro indossa i vestiti di scena, che dal palcoscenico vede Carlo seduto nelle prime file, incantato da ogni suo minimo gesto ed espressione. Doralice che riceve la proposta di fidanzamento, che accetta di sposarsi bruciando i tempi. Doralice che si aggira in un appartamento ancora mezzo vuoto, tra eccitazione e sgomento. Doralice che chiama *Carlito* il suo nuovo marito, che lo prende in giro, lo stuzzica, lo fa ridere. Doralice che finisce un calice di vino e subito ne vuole un altro, che mangia un'intera ciotola di fragoline di bosco e ancora ne vorrebbe. Doralice che si sistema i capelli neri con un fermaglio di madreperla a forma di farfalla. Doralice e Carlo seduti in un buon ristorante del centro storico: lui tutto composto, lei che parla a voce troppo alta e fa troppi gesti, attira gli sguardi dei camerieri e degli altri commensali. Carlo che in parte la ammira e in parte ne è imbarazzato, che cerca di contenerla e poi la lascia fare perché è troppo preso da lei.

Come aveva reagito a quell'unione la famiglia De Carlo? Come l'aveva presa il patriarca Vincenzo? Si era angosciato all'idea che la posizione del figlio potesse venire minata o addirittura distrutta da un matrimonio con una straniera imprevedibile? Aveva fatto leva su tutta la sua autorità paterna per provare a impedire l'irreparabile? E la madre di Carlo, con quell'antica faccia da sfinge? E suo fratello Rosario detto Sarino, cosa gli aveva detto? E sua sorella Anita? E l'altra sorella di cui non ho mai saputo il nome, morta poco più tardi per l'influenza spagnola? I De Carlo avevano fatto fronte comune, o avevano tentato di agire ognuno da un'angolazione diversa sul giovane innamorato? Oppure avevano tenuto per sé dubbi e angosce, di fronte a una scelta impulsiva e potenzialmente devastante?

E il padre, la madre e i fratelli di Doralice, come avevano reagito? Cosa avevano detto Medardo, Hidalgo, Adelchi e Pablita quando lei aveva deciso di abbandonare la compagnia teatrale per diventare una rispettabile signora genovese? Si erano sentiti traditi? L'avevano presa in giro, l'avevano spaventata, avevano cercato di farle capire quanto fosse radicale il cambiamento che stava contemplando?

E dopo che Carlo e Doralice malgrado tutto si erano sposati, che effetto aveva avuto su di lei lasciare l'eccitazione del palcoscenico per stare in casa a fare la moglie, e fin troppo presto la madre? Si era sentita terribilmente sola quando la compagnia Migliar aveva levato le tende e lasciato Genova, diretta a un'altra piazza? Si era sentita persa, nella città ancora meno familiare adesso che era diventata in modo permanente la sua? Aveva mantenuto l'abitudine di qualche piccolo rituale legato alla sua vita precedente? Suo padre le aveva lasciato il pendolino divinatorio di ametista, quando era partito? Oppure lei ne aveva uno suo, con un'altra pietra? Quale pietra, di che colore? Leggeva romanzi? Era appassionata di musica, di arte figurativa? Le piaceva visitare i musei, ammirare gli edifici storici? Si era impegnata a trasformarsi, per corrispondere al nuovo contesto? Si era sentita giudicata dai vicini di casa, dai frequentatori dei caffè, dai passanti per la strada? Come era stato per lei entrare nei negozi a fare la spesa? Scriveva su un quadernetto i nomi italiani di alcuni alimenti, e lo portava con sé nei negozi dove andava? Quali piatti cucinava? Quelli che conosceva dall'infanzia, oppure cercava di impararne di nuovi? Faceva esperimenti? Riusciva a trovare almeno alcuni dei frutti, delle verdure, delle noci, delle farine che le erano familiari, o aveva dovuto adattarsi a quello che c'era? Cosa offriva allora il Mercato Orientale di Genova, che oggi trabocca di colori e profumi provenienti da tutto il mondo?

Ancora: che effetto le faceva vivere con i soldi del marito, adesso che non aveva più un lavoro e non guadagnava niente per conto suo? Quanto c'era voluto perché i ritmi della sua nuova vita quotidiana cominciassero ad annoiarla? Le era rimasta l'idea di poter tornare sulle scene, prima o poi? Era mai stata una brava attrice, o solo una bella ragazza bruna dallo sguardo intenso e dal portamento vivace? Aveva provato a parlarne con Carlo? E lui era riuscito a capire quanto fosse stato traumatico il cambiamento di vita per la sua recentissima moglie? Aveva un'idea di cosa succedeva nella sua testa? O gli era sembrato di avere già compiuto un passo abbastanza grande, e si aspettava che lei a quel punto reciprocasse? Si era sentito perso anche lui, sposato con una donna che non conosceva davvero, di cui non era in grado di capire le ragioni profonde e nemmeno le manifestazioni più superficiali? Quante domande le aveva fatto sulla sua infanzia, le sue abitudini, i suoi gusti? Si era sforzato di imparare qualche espressione, qualche modo di dire, qualche strofa di canzone che a lei piaceva? C'era un'esclamazione ricorrente di Doralice che lui riprendeva in chiave scherzosa? La correggeva quando sbagliava a parlare italiano? Cercava di offrirle strumenti di comunicazione, o invece preferiva mantenerla in una condizione di autonomia ridotta? Si preoccupava quando al mattino la lasciava in casa, per andarsene in ufficio e tornare soltanto la sera? Era geloso degli sguardi degli altri uomini, quando la domenica mattina passeggiavano insieme per le vie del centro o lungo il mare?

Tutte domande che non ho mai fatto alla zia Anita, e che mi vengono in mente solo adesso, quando non c'è più nessuno in grado di rispondere. Però la zia in un'occasione aveva accennato alla sofferenza secondo lei sproporzionata di Doralice quando il pappagallo che i suoi familiari le avevano lasciato era morto, forse perché Carlo voleva tenerlo in gabbia invece di lasciarlo libero di svolazzare per casa. Secondo la zia, Doralice aveva pianto per giorni e si era rifiutata di mangiare e perfino di parlare, ma non ci vuole molto a immaginare che vedesse nella triste fine del pappagallo una proiezione del suo ingabbiamento in una vita che non le corrispondeva. Non è poi così difficile capire come potesse abbandonare suo figlio, il mio futuro padre, a piangere da solo in casa per andarsene al porto a incontrare i suoi connazionali.

Sì, io e mia sorella avremmo dovuto cercare di estorcere alla zia Anita molte più informazioni sulla nostra nonna cilena e la sua famiglia; ma da bambini e poi da ragazzi la loro storia ci era sembrata remota come tutte le storie passate. Con qualche spunto curioso e qualche ragione di perplessità, ma niente più. Quando senti parlare dei tuoi antenati tendi a immaginarli come protagonisti di un vecchio film muto in bianco e nero: buffi, drammatici o patetici ma comunque irrimediabilmente distanti, difficili da capire, impossibili da ascoltare. Oltretutto per quello che ne sapevamo il film della nostra nonna cilena finiva ben presto, poco dopo la sua entrata in scena.

Il nonno Carlo l'avrò visto quattro o cinque volte in vita mia

Il nonno Carlo l'avrò visto quattro o cinque volte in vita mia. Non c'era nessuna familiarità consolidata tra noi, nessuna comunicazione a distanza coltivata negli anni. Solo molto dopo la sua morte mi sono reso conto di quanto fosse stato strano avere un nonno quasi sconosciuto, che oltretutto viveva a un paio d'ore di treno da Milano.

Nei miei rari ricordi il nonno è un uomo riservato e cauto, con gli occhialini senza montatura che aveva già nelle foto da giovane, i capelli radi accuratamente riportati da sinistra verso destra, il naso espressivo, impeccabile nei suoi completi principe di Galles. Una volta ho passato con lui un paio di giorni, quando i miei genitori mi avevano spedito a Genova insieme alla figlia diciottenne dello zio Sarino. È un ricordo perfettamente databile: sono con il nonno Carlo in un caffè, il tipo alla cassa mi chiede quanti anni ho, io sto zitto, il nonno garbatamente mi suggerisce "Digli, ho tre anni". La sequenza continua: usciamo dal caffè e un giovanotto schizza fuori da un portone, urta una spalla del nonno e corre via. Il nonno gli grida dietro (ma senza alzare troppo la voce) "Zuzzurellone!" Io gli chiedo cosa significhi; lui me lo spiega. Il mattino dopo su una mensola nel soggiorno c'è un cavallino bianco di plastica identico a uno nero che mi sono portato da Milano, e vicino un piccolo lupo di plastica che lo minaccia. Il nonno Carlo mi dice "Il tuo cavallino è diventato bianco per la paura!" Deve essere convinto di divertirmi, però non ha la minima familiarità con la mente infantile, perché rinfocola in me il terrore dei lupi che mi abita da quando ho ascoltato *Pierino e il lupo* di Prokof'ev, con quei terribili corni cadenzati.

Anni dopo ho passato un altro paio di giorni dal nonno Carlo insieme a mia sorella, quando i nostri genitori ci avevano scaricati a Genova per andarsene chissà dove. Nel suo appartamento occupato da mobili antichi, tappeti persiani, soprammobili orientali, pelli di gazzella e perfino un alligatore imbalsamato, l'elemento che di gran lunga ci affascinava di più era il televisore. A casa nostra non ce l'avevamo, una delle tante scelte mai spiegate che ci avevano fatto sentire dolorosamente diversi dai nostri coetanei. Eravamo attratti in modo irresistibile da quello schermo opalino incassato nel mobile di mogano lucido: gli giravamo intorno come due poveri selvaggi, schiacciavamo i tasti con diffidenza, aspettavamo la lenta accensione del tubo catodico. Ma era Pasqua, e nell'Italia supercattolica e superipocrita degli anni sessanta l'unico canale della televisione di stato trasmetteva esclusivamente messe, vedute in bianco e nero di città, suoni di campane. La delusione che io e mia sorella avevamo provato era stata straordinaria.

In realtà ho anche un altro ricordo, benché non mi faccia piacere rievocarlo. Il nonno Carlo era venuto a trovarci nel paesino ligure di pescatori dove passavamo le estati, e aveva portato in regalo una palla colorata per mia sorella e una nave di gomma per me. Dovevamo avere cinque anni io, tre lei. La mia nave era sicuramente il dono più importante, ma per ragioni contorte mi era sembrata molto meno desiderabile della palla di mia sorella, e mi ero messo a urlare contro il nonno le orribili parolacce che avevo imparato da un mio coetaneo locale, figlio di un cuoco imbarcato sui transatlantici. A quei tempi il turpiloquio era utilizzato solo dai galeotti, dalla soldataglia e dagli strati più bassi della società, e l'effetto sul nonno Carlo, insieme all'inesplicabilità della mia reazione, era stato sconvolgente. Mi ricordo la sua espressione costernata, mentre io continuavo a investirlo di improperi irripetibili con tutta la forza stridula della mia voce di bambino, in un parossismo che si autoalimentava. Mio padre aveva cercato furiosamente di farmi smettere, ma aveva solo peggiorato la situazione, finché il nonno gli aveva chiesto di accompagnarlo alla macchina e se n'erano andati tutti e due.

Infine ho un ricordo del nonno ormai molto malato, a letto nella sua casa genovese: la pulsazione ritmica delle vene di un suo polso. Qualche tempo più tardi io e mia sorella avevamo saputo dalla mamma che era morto. Nel testamento ci aveva lasciato l'appartamento di Genova, una piccola casa a Nervi, la sua automobile, i suoi tappeti persiani e innumerevoli oggetti. Ma nostra madre era contraria all'idea di possedere alcunché, e aveva costretto mio padre a svendere in fretta i beni immobili e a regalare quelli mobili. Si era lasciata convincere a tenere almeno i tappeti persiani, ma poi li aveva distrutti nel giro di qualche anno a furia di esposizioni alla pioggia tossica milanese e barbariche aggressioni con il battipanni. I colori si erano offuscati, i tessuti irrigiditi, finché avevano smesso di essere simboli di un modo di vita con cui lei non voleva avere niente a che fare.

Altri ricordi di mio nonno non ne ho, per quanto possa sforzare la memoria. Non c'è nessun pranzo di Natale, nessuna passeggiata nella sua città o nella mia, nessun re-incontro commovente, nessuna telefonata, nessuno scambio di lettere, nessun gioco, nessuna conversazione scherzosa o seria. Non dovrei quindi sorprendermi di avere pensato molto poco a lui, fino a quando non ho cominciato a pensare a questa storia.

Dieci anni fa io e mia sorella siamo andati in Grecia con le ceneri dei nostri genitori

Dieci anni fa io e mia sorella siamo andati in Grecia con le ceneri dei nostri genitori, per disperderle secondo i loro desideri nel mare di Kardamili. Insieme a noi c'erano mia figlia e i due figli di mia sorella, arrivati dalle diverse parti d'Europa in cui vivevano. Abbiamo preso la nave ad Ancona, per arrivare a Patrasso il mattino dopo e da lì proseguire con le nostre macchine. Era maggio.

Le ceneri le portavamo fuori dall'Italia illegalmente, dopo che erano rimaste chiuse nelle loro rispettive urne per anni, quelle di nostra madre a casa di mia sorella e quelle di mio padre a casa mia. Adesso erano in due sacchetti di plastica, perché un amico ci aveva raccontato di come lui e suo fratello avessero scoperto presso un ruscello sulle Alpi svizzere quanto fosse difficile aprire l'urna cineraria di loro padre. Dopo diversi tentativi avevano finito con l'accanirsi a colpi di pietra sulla scatola di metallo, e quella che doveva essere una poetica cerimonia si era trasformata in un atto dissacrante, con le ceneri mescolate alla fanghiglia. Così mia sorella aveva aperto preventivamente le urne a Milano con martello e cacciavite, e prima di imbarcarci io e lei avevamo infilato un sacchetto a testa nella valigia, per dividere il rischio di possibili controlli. Nessuno ci aveva frugato nei bagagli, e avevamo fatto la traversata notturna insieme ai nostri figli con le ceneri dei nostri genitori nascoste tra i vestiti.

Quando la nave è arrivata al porto di Patrasso abbiamo visto dal ponte lo zio Baku camminare sulla banchina, con il suo trolley a traino. Era figlio della zia Anita, che era tecnicamente nostra prozia, quindi un nostro cugino di secondo grado. Però mi veniva più naturale chiamarlo zio, visto che era un semifratello di nostro padre. In quel momento aveva più o meno ottantacinque anni, ed era ancora un uomo vitale e spiritoso. Aveva fatto lo psicologo e diretto cliniche in Puglia e in Sardegna, poi una volta in pensione era andato a vivere ad Alberobello, in due trulli collegati tra loro. Era un *bon vivant* amante del sole, delle serate con gli amici, del pesce fresco, dei frutti di mare. Solo pochi anni prima, già ottantenne, era andato da Bari a Milano con un ciclomotore 50 cc per riportarlo a sua figlia, ottocentottantatré chilometri percorsi a quaranta all'ora di velocità massima nelle più diverse condizioni atmosferiche. Quando era arrivato a Lodi, ormai a una quarantina di chilometri dalla destinazione, si era fermato a riempire il piccolo serbatoio a una stazione di servizio. Per puro divertimento aveva chiesto al benzinaio se la direzione fosse giusta, e il benzinaio aveva indicato il motorino e gli aveva detto "Ma vorrebbe arrivarci con quello?"

Io, mia sorella e i nostri figli ci siamo sporti dal parapetto della nave, abbiamo agitato le mani e gridato "Zio Baku!" finché lui non ha alzato la testa e ha fatto un cenno di risposta. Visto dall'alto sembrava più piccolo di come me lo ricordavo, ma si muoveva con un bel piglio, e il suo sorriso da sotto il cappello verde a falda corta era quello che mi ricordavo.

Il suo nome di battesimo era Pasquale, ma mio padre lo aveva rinominato Baku quando vivevano entrambi a Tunisi. È il nome della capitale dell'Azerbaigian e di una creatura leggendaria della mitologia cinese, ma credo che a mio padre piacesse semplicemente il suono, e anche l'idea di non prendere troppo sul serio un semifratello arrivato a insidiare il suo primato. Lo zio Baku andava spesso in Grecia, dove poteva arrivare con una traversata di poche ore dalla costa pugliese. Fino a qualche anno prima guidava una grossa moto, di cui amava la potenza e la velocità, finché non era diventata troppo pesante per lui. Una volta stava risalendo una strada a curve tra i monti del Peloponneso, e all'ora di pranzo aveva visto una tavola apparecchiata davanti a un piccolo edificio bianco affacciato su una gran vista. Era sceso dalla moto, e dopo aver salutato l'anziano signore che gli veniva incontro gli aveva chiesto dove fosse il bagno. Il tipo lo aveva accompagnato con grande cortesia, e quando lo zio era tornato fuori gli aveva offerto un bicchiere di acqua fresca. Lo zio Baku si era seduto alla tavola apparecchiata e aveva chiesto in greco, che conosceva abbastanza bene, cosa ci fosse da mangiare. Il tipo gli aveva risposto che aveva solo della *moussaka*, e allo zio il fatto che l'offerta fosse così limitata era sembrato una garanzia di autenticità. Così se ne era fatto portare un piatto, e aveva chiesto della *retzina* bella fresca per accompagnarlo. Il tipo aveva portato la bottiglia e un piatto di *moussaka* anche per sé e si era seduto con lui a mangiare, bere e fare conversazione. Finito il pranzo lo zio Baku aveva chiesto un caffè, il tipo ne aveva portato uno per lui e uno per sé. Poi lo zio si era alzato da tavola e aveva chiesto il conto, e solo allora il tipo gli aveva detto "Ma questo non è mica un ristorante, è casa mia!"

Lo zio Baku era un grande raccontatore come sua madre, e aveva una capacità fuori dal comune di sdrammatizzare qualunque situazione, forse perché per professione aveva avuto a che fare con gente tutt'altro che equilibrata. Io e lui non eravamo mai stati molto vicini e ci vedevamo solo a grandi intervalli di tempo, ma negli ultimi anni avevo cominciato a riconoscergli lo status di ultimo rappresentante anziano della famiglia. Era in quella veste, oltre che in quella di semifratello di nostro padre, che era venuto con noi in Grecia per la dispersione delle ceneri. Anche perché, come ci aveva detto quasi subito al porto, la considerava "un po' una prova generale".

Abbiamo attraversato con le nostre due macchine lunghi tratti diritti tra la vegetazione folta e poi curve che si avvitavano su per montagne pietrose. Era una rara occasione di mettere insieme per qualche giorno tre generazioni di De Carlo; io e mia figlia guardavamo il paesaggio e non parlavamo molto. Alla fine abbiamo cominciato a scendere lentamente verso la costa.

Kardamili è un villaggio nella penisola del Mani che divide l'Egeo dallo Ionio, trentacinque chilometri a sud-est della città di Kalamata. I nostri genitori ci avevano passato molte delle loro brevi vacanze insieme. Amavano la geografia aspra di quei luoghi, l'architettura rude delle torri in pietra da cui gli antichi abitanti si facevano guerra clan contro clan, famiglia contro famiglia. Affittavano due stanze e passavano le giornate al mare, mio padre a nuotare e a scrivere sotto il sole a picco, mia madre a leggere all'ombra di qualche roccia.

Mia sorella aveva prenotato tre alloggi contigui, in un piccolo complesso costruito da poco. Gli interni erano essenziali, davanti avevano una grande terrazza affacciata su una baia. C'eravamo solo noi, frastornati dal viaggio e dalla situazione.

Abbiamo dormito tutti abbastanza male, e il mattino dopo siamo andati in fila indiana lungo la strada costiera, poi siamo scesi alla spiaggia di sassi dove i nostri genitori anni prima facevano il bagno. Io e mia sorella avevamo in mano i sacchetti di plastica con le loro ceneri; lo zio Baku e i nostri figli seguivano in silenzio. Ci siamo guardati intorno sulla spiaggia per qualche minuto, poi ci siamo tolti le scarpe e rimboccati i calzoni e siamo saliti su alcune rocce basse affioranti, attenti a non scivolare.

Il mio sacchetto conteneva le ceneri di nostro padre: mi colpiva quanto poco pesasse quello che restava di un uomo pieno di carattere, sogni e ambizioni, che aveva perfezionato la sua conoscenza del mondo e letto mille libri con passione e spirito critico e studiato a fondo il suo mestiere e imparato lingue e progettato case, scuole, collegi universitari, quartieri e piani regolatori di intere città con la convinzione di poter cambiare almeno in parte il mondo, e stabilito rapporti con colleghi di tanti paesi, insegnato in università prestigiose in Italia e negli Stati Uniti, viaggiato dappertutto, intessuto storie con la più grande varietà di donne conquistate da un modo di pensare e muoversi e parlare altrettanto intenso della sua grafia e del suo tratto nel disegno.

Ho passato il sacchetto a mia sorella e mi sono fatto dare il suo, ed era incredibile quanto fossero leggere anche le ceneri di nostra madre, se pensavo al suo sguardo grigio-azzurro che coglieva ogni dettaglio, alla sua capacità di giudizio dura e tagliente come un diamante, alla sua insofferenza per riti, convenzioni, ruoli e frasi fatte, alla sua intolleranza implacabile per ogni genere di compromesso intellettuale o artistico, al suo gusto rarefatto che si esprimeva così bene nelle figure stilizzate ed eleganti che ricamava sulla stoffa, alla sua sensibilità estrema che le faceva ricercare poeti e scrittori e musicisti e pittori e registi con istinto sicuro, al suo spirito critico che vagliava opere e persone con un rigore privo di indulgenza, al suo rifiuto categorico di ogni possesso e comodità e in fondo anche piacevolezza della vita, alla sua formazione spartana che le faceva tenere aperta la finestra della camera da letto di noi figli anche a gennaio, alla sua sobrietà quasi masochistica che la faceva mangiare poco e tagliarsi i capelli a forbiciate brutali e vestirsi con abiti riciclati, tanto che una volta mentre camminavo verso casa sua mi era sembrato di vedere un ragazzo irregolare venirmi incontro e solo a una ventina di passi mi ero reso conto che era lei, mia madre.

Io e mia sorella abbiamo aperto i sacchetti e li abbiamo rovesciati; le ceneri dei nostri genitori si sono mescolate nell'acqua del mare che loro avevano tanto amato. I nostri figli osservavano dalle rocce vicine, con espressioni meravigliosamente attente. Lo zio Baku era assorto più in là, forse pensava ai lontani giorni tunisini insieme al suo semifratello.

Poi la sera eravamo seduti a guardare dalla terrazza la luna riflessa nell'acqua nera della baia, e ho chiesto allo zio Baku se sapesse come mai la nostra nonna cilena avesse abbandonato nostro padre a due anni e poi l'avesse lasciato crescere fino a diciott'anni nella convinzione di essere orfano. Lo zio Baku ha esitato qualche secondo, il che era insolito in un uomo con il suo gusto per la conversazione. Alla fine ha detto "Te la ricordi la cicatrice di tuo nonno Carlo?"

"Quale cicatrice?" ho detto. Del nonno Carlo mi ricordavo gli occhialini con le lenti senza montatura, i capelli radi riportati con cura, i completi principe di Galles, la pochette bianca nel taschino della giacca, ma nessuna cicatrice.

"Quella che gli scendeva dall'angolo del sopracciglio sinistro fino a metà mandibola e girava verso la bocca" ha detto lo zio Baku.

Cercavo di rintracciare nella memoria un segno diverso dai molti segni sul volto di quello che per me era sempre stato un uomo anziano: niente.

"Una linea profonda, che gli attraversava metà faccia." Lo zio Baku ha scorso il pollice per indicare il tracciato.

"E come se l'era procurata, la cicatrice?" ho detto.

"*Chi gliel'aveva* procurata, vorrai dire" ha detto lo zio Baku.

"Chi?" ho detto io, mentre mi si formavano in testa alcune sequenze a scatti di gesti concitati in un bar; in una strada; sulla banchina di un porto.

Lo zio Baku non mi ha risposto, guardava il riflesso tremulo della luna sul mare, il profilo scuro del piccolo promontorio davanti a noi. Non c'era vento e nemmeno il minimo sciacquio di onde, solo un silenzio denso, nell'umidità tiepida della sera.

Nove anni fa ero a Marsiglia

Nove anni fa ero a Marsiglia, a tenere una conferenza sui miei romanzi. Ci ero arrivato per la strada che da Aix-en-Provence scende a sud, costeggiata negli ultimi chilometri da bar e locali davanti a cui stazionano immigrati delle ex colonie nordafricane, con le loro sigarette e i loro sguardi ostili. Quando avevo descritto il mio percorso all'organizzatore dell'incontro, lui mi aveva detto che avrei fatto molto meglio a prendere l'autostrada, visto il continuo ripetersi di rapine lungo la statale. Mi aveva raccontato di come una volta solo l'abbaiare frenetico del suo Schnauzer nano aveva impedito che una borsa di documenti importanti venisse strappata dal sedile del passeggero. Subito dopo mi aveva consegnato una lettera, arrivata lì per me qualche giorno prima.

Sulla busta il mio nome era scritto in una grafia elegante; il mittente sul retro era *M.me Velda Fontaine*, non mi diceva niente. Mi sono messo la busta in tasca e l'ho aperta solo la sera tardi nella mia camera di hotel, dopo la cena ufficiale in un ristorante con vista sul porto.

Il testo, nella stessa elegante grafia della busta, occupava solo mezzo foglio di carta vergatina. Per semplicità lo traduco:

Caro Andrea,
non ci siamo mai incontrati, ma sono una tua zia di secondo grado, vale a dire la figlia di Hidalgo, fratello di tua nonna Doralice. Mi piacerebbe parlarti del lato cileno della tua famiglia, però non dovremmo aspettare troppo perché sono una vecchia signora e non so quante altre occasioni ci resteranno per farlo. Ti lascio il mio indirizzo e il mio numero di telefono, abito appena fuori Grasse e sarei davvero contenta di vederti.
Un saluto cordiale

Velda Fontaine

Mi vergogno di dire che nei giorni, nelle settimane e nei mesi successivi non ho chiamato quel numero di telefono, né ho risposto per iscritto a quella lettera cortese e interessante. Ero distratto da pensieri di tutt'altro genere, e nel giro di poco mi sono dimenticato della zia francese che non conoscevo. A dire tutta la verità, ogni tanto il pensiero riaffiorava nel tessuto delle mie giornate o notti, ma con il tempo cresceva l'imbarazzo di farmi vivo tanto in ritardo, ed era più forte della curiosità.

Sette anni fa ho affittato per un paio di settimane una casa a Callian

Sette anni fa ho affittato per un paio di settimane una casa a Callian, uno dei *villages perchés* nel Canton de Fayence. Quando stavo per ripartire mi è tornata in mente la zia francese che due anni prima mi aveva scritto a Marsiglia, e ho cercato il suo numero. Avevo paura che fosse morta, o che si fosse offesa per la mia mancata risposta; che mi riagganciasse in faccia o mi prendesse a male parole. Camminavo avanti e indietro sul selciato di una piccola piazza; appena ho sentito una voce di donna ho detto "Posso parlare con la signora Velda? Sono suo nipote Andrea".

"Ah, mi chiami signora?" ha detto la voce, in un tono ironico che non mi aspettavo.

"Scusami se ti chiamo così in ritardo" ho detto. Cercavo una giustificazione plausibile, ma non me ne è venuta nessuna.

"Non c'è problema" ha detto la zia Velda. "Come vedi sono ancora viva, anche se ho novantatré anni."

"Se ti passassi a trovare?" ho detto, con un'urgenza improvvisa di liberarmi della pigrizia mentale che mi aveva bloccato fino a quel momento. "Sono solo a una ventina di chilometri da Grasse."

"Ne sarei felice" ha detto lei. "Se l'idea non ti annoia da morire."

"Ma no, ma no!" ho detto. Mi sentivo in colpa, vile, stupido, distratto, incomprensibile a me stesso.

Lei mi ha dato il suo indirizzo, ha aggiunto alcune indicazioni su come arrivarci.

Registravo con la massima attenzione il timbro della sua voce: avevo paura che l'apparente vitalità nascondesse una vecchina semi-invalida e poco lucida, con cui la conversazione sarebbe risultata penosa. A novantatré anni c'erano buone probabilità che lo fosse, ma ormai il passo era fatto, non potevo certo tirarmi indietro.

La strada da Callian a Grasse passa a curve attraverso boschi di querce e arriva alla parte alta della città, con i suoi negozi e parcheggi e alberghi e fabbriche di profumi. Quasi tutte le macchine giravano per scendere verso la pianura allagata di edifici; io invece ho continuato dritto, con un dorso boscoso di collina sulla sinistra e ville seminascoste nei giardini sulla destra. Leggevo i numeri civici in uno stato di tensione crescente, avrei voluto dilatare il più possibile i tempi prima di arrivare.

All'indirizzo che mi aveva dato zia Velda c'era un cancello di legno a listoni orizzontali; appena si è aperto ho guidato cautamente giù per il ripido vialetto di accesso. Sono sceso dalla macchina pieno di anticipazioni contrastanti: nella nostra breve conversazione telefonica lei era stata spiritosa, ma adesso temevo di trovarmi davanti un'espressione accusatoria. Me lo sarei meritato, dopo aver aspettato due anni interi prima di andare a trovarla.

La donna che è venuta ad aprirmi era sì decisamente anziana ma ancora ben dritta e piuttosto alta, con uno sguardo acceso che corrispondeva pienamente alla sua voce. Aveva una bella testa di capelli grigi, lineamenti decisi, era vestita con semplice eleganza. Mi ha fatto strada in un soggiorno luminoso, dove una grande vetrata dava su una terrazza dalla quale la vista correva sopra le colline che degradavano fino alla pianura e al mare scintillante in lontananza. Sui mobili erano appoggiati vasi di fiori, oggetti di artigianato francese e sudamericano, la foto di un uomo di aspetto gentile in piedi sulla stessa terrazza che avevo davanti.

"Monsieur Fontaine, mio marito" ha detto la zia Velda, con curiosa formalità. "Era cardiologo, è morto cinque anni fa, di infarto."

"Mi dispiace" ho detto. La guardavo e intanto lei guardava me, credo tutti e due per rintracciare tratti familiari nei reciproci lineamenti.

Lei ha fatto cenno di sedermi su un divano bianco, ha portato due bicchieri d'acqua con fettine di bergamotto. Ha detto "Sono del mio giardino". Si muoveva in modo misurato ma senza apparenti difficoltà; mi sono chiesto se avesse qualcuno che la aiutava in casa, però sembrava di no. Mi ha detto che mio padre era andato a trovarla, anni prima.

"Ah sì?" ho detto, perché lui non si era sognato di raccontarmi niente di quell'incontro.

Lei ha annuito, continuava a studiarmi. Ha detto "Immagino che anche a te interessi sapere qualcosa su questo lato della tua famiglia".

"Molto" ho detto. "Non ne so quasi niente."

La zia Velda mi ha fatto cenno di aspettare, è uscita di nuovo dal soggiorno; mi sono chiesto se non la stessi affaticando troppo con la mia visita. È tornata con in mano una cartellina da ufficio, si è seduta e ne ha tirato fuori alcune fotografie, le ha appoggiate sul tavolino di cristallo davanti a noi. Me ne ha mostrata una, ha detto "Hidalgo. Mio padre, il direttore d'orchestra e compositore".

È un bell'uomo, ha un cappello nero in testa e un magnifico cappotto grigio a doppio petto, con collo e polsini di folta pelliccia; sotto ha una camicia bianca con papillon nero. Espressione pensierosa, sguardo che va lontano. Dietro di lui c'è un cielo di grandi nuvole scure, che però forse è un fondale di studio.

"Dov'è?" dico.

"A Londra" dice Velda. "Papà ci è arrivato nel 1921. Si è stabilito a Mayfair, ha aperto un'accademia musicale in Wigmore Street, e ha formato il quartetto vocale Hidalgo Migliar."

"Davvero?" dico, perché non mi aspettavo che l'Inghilterra fosse entrata nei percorsi dei Migliar, né che tra loro ci fosse stato un musicista serio. L'immagine che la zia Anita aveva alimentato con le sue sommarie descrizioni era quella di una troupe di guitti e strimpellatori da quattro soldi.

La zia Velda mi mette davanti un'altra foto: Hidalgo è in piedi al centro di un capannello formato da due giovani donne e due giovani uomini. Lo sfondo è londinese, le espressioni di tutti esprimono entusiasmo e spirito di condivisione.

Velda mi indica le persone intorno a suo padre, ricorda ogni nome con memoria sorprendente: "Miss I. Ainsley, la contralto, il baritono Fred Finzi, il tenore Robert Villy."

"E questa?" Indico la bella ragazza appoggiata alla spalla destra di Hidalgo.

"Alice Raynaud, la soprano" dice lei. "Mia madre."

"Davvero?" dico di nuovo, con una scossa interiore a vedere

la faccia di una parente acquisita di cui ignoravo totalmente l'esistenza.

"Il suo nome d'arte era Alice de la Bellaudière" dice la zia Velda. "Dal suo antenato Bellaud de la Bellaudière, il poeta provenzale del Cinquecento."

"Ma pensa" dico, e mi sembra di essere sempre un po' troppo lento a processare le informazioni rilevanti.

"Al tempo di questa foto lei e mio padre erano già fidanzati" dice la zia. "Si sono sposati l'anno dopo, e hanno stabilito la loro residenza qui a Grasse, nella casa de la Bellaudière. Nel parco c'era un famoso cipresso secolare, magnifico."

"E poi sei nata tu" dico.

Lei fa di sì con la testa, e con una certa solennità tira fuori dal mucchio un'altra fotografia. "La famiglia Migliar al completo, a Concepción. Nella regione del Bío Bío, in Cile."

È una foto di gruppo color seppia, si direbbe scattata in una casa, più che in uno studio fotografico. Otto persone, quattro donne e quattro uomini, distribuiti in posa tra un divano e tre sedie. Sulla parete alle loro spalle si intravede la parte inferiore di un quadro; sul pavimento un tappeto a grandi fiori chiari; al margine destro dell'inquadratura quattro rose bianche in un vaso di vetro dallo stelo sottile. Riconosco Hidalgo in base alle foto che ho visto prima: qui ha un magnifico ciuffo di capelli neri ed è appoggiato in una posa spigliata a Doralice. Riconosco anche la mia bisnonna, dalla foto in cui indossava insieme a Doralice quei costumi di origine inspiegabile. E il mio bisnonno, dalla foto con il cane: è l'uomo con i baffi e i capelli grigi seduto sulla destra.

La zia Velda indica la giovane donna a cui si appoggia suo padre Hidalgo, mi guarda.

“È Doralice, mia nonna” dico, come se fossi in grado di riconoscerla da sempre, e non trovassi sconcertante quel suo sguardo un po’ stralunato.

“Sì” dice la zia. “Detta Dora. E questa è mia nonna Dominga, la tua bisnonna.” Indica la matriarca che stringe una mano di Doralice e si appoggia tempia contro tempia a un’altra figlia.

“E questa è Pabla Antonieta, detta Pablita” dice la zia. “La sorella Migliar più giovane.”

“Ah, ecco” dico io. Vorrei chiederle se davvero Pablita si era innamorata di un farabutto che l’aveva convinta a farsi firmare una procura per poi bruciare ai tavoli verdi il ricavato delle proprietà di famiglia, ma non lo faccio. Indico invece la terza giovane donna, seduta per terra su un cuscino, le gambe raccolte di lato, un gomito appoggiato al ginocchio di sua madre, i capelli scompigliati.

“Casta Matea” dice la zia, senza aggiungere altro.

“E questo?” Indico l’uomo seduto più in alto di tutti su un bracciolo del divano, elegante con il suo farfallino bianco sotto la giacca. Ha la mano destra nella tasca dei pantaloni, busto eretto, bella faccia che prende bene la luce, sguardo quasi di sfida, da nobile cavaliere.

“Adelchi, il più famoso della famiglia” dice la zia Velda.

“Perché famoso?” dico.

“Ma è stato una stella del cinema internazionale!” La zia sembra incredula della mia ignoranza. “Prima ancora attore di teatro itinerante in Perù e Bolivia, pugile in Ecuador, marinaio a Panama, domatore di leoni a San Francisco. Dagli Stati Uniti è andato in Europa ed è diventato un divo del cinema muto in Olanda. Poi è stato attore protagonista, regista e produttore di ventiquattro film in Inghilterra, negli Stati Uniti, in Argentina. Tra le sue attrici c'è stata anche Eva Duarte, la futura Evita Perón."

"Accidenti" dico, e mi chiedo come sia possibile che mio padre e la zia Anita non mi avessero mai parlato di un prozio così stupefacente, nemmeno in un rapido accenno. Ma cancellare l'esistenza di Doralice implicava cancellare quella di tutti i Migliar, è chiaro. Mi chiedo anche se i racconti della zia Velda siano da prendere alla lettera, o vadano considerati storie di famiglia, in cui minimi spunti vengono ingigantiti fino a diventare leggende.

"Questo è il mio bisnonno" dico, con l'indice sull'uomo con i baffi e i capelli grigi.

"Sì, mio nonno Juan" dice Velda, come per rivendicare la sua maggiore prossimità.

Qui la posa di Juan Migliar è decisamente più formale che nella foto con il suo cane. Indossa un completo grigio di bella fattura e ottime stoffe, la catenella dell'orologio passa da un'asola del panciotto e finisce nel taschino. Il suo atteggiamento patriarcale è attenuato da uno sguardo poco presente, forse perplesso.

"E questo?" Indico quello che è in apparenza il più maturo e il più sereno dei figli, con un bel viso ampio, i capelli a onde, elegante in un completo gessato, scarpe con ghette scure, girato di tre quarti sulla sedia, gambe accavallate, occhi rivolti con estrema naturalezza verso l'obiettivo.

"Medardo" dice la zia Velda. "Il tenore."

"Ma erano tutti artisti" dico, disorientato da quanto poco i Migliar corrispondano alle descrizioni sbrigative e fondamentalmente ostili della zia Anita.

"Sì, una famiglia non banale" dice la zia Velda. "Forse un po' problematica, ma poliedrica."

"Caleidoscopica" dico, con nuovi interrogativi che mi si affollano nella testa.

La zia Velda rimette le foto nella cartellina, poi si alza e mi fa strada nel corridoio. Alla parete c'è un ritratto a olio di suo padre, in un atteggiamento impetuoso da direttore d'orchestra. Più in là un'altra tela raffigura una giovane donna, occhi e capelli scuri, abito giallo, parasole rosso. Lo stile è fauvista, ha una vera violenza espressiva.

"Tua madre?" le dico.

"No, è Pablita!" dice la zia.

Quando siamo tornati nel soggiorno le ho chiesto di mia nonna Doralice, visto che non mi aveva raccontato niente di specifico su di lei.

Zia Velda ha detto "Era una donna fuori dal comune, ma l'ho vista poche volte, era tornata a vivere a Genova quando ero bambina. Mio figlio Jean-Paul l'ha conosciuta meglio. Gli ho chiesto di venire, sarà qui da un momento all'altro. È un *nez*."

"È cosa?"

"Un naso" ha detto lei. "Seleziona e combina i componenti dei profumi. Lavora per le grandi *maisons*, e anche per conto suo."

Avrei avuto mille altre domande da farle su mia nonna e sugli altri Migliar, ma è suonato il campanello di casa.

Il cugino Jean-Paul è arrivato con un proiettore e uno schermo arrotolato

Il cugino Jean-Paul è arrivato con un proiettore e uno schermo arrotolato. Mi ha salutato con cortesia leggermente formale; era un uomo amabile e curato, aveva un delicato sentore erbaceo. Ci siamo seduti insieme a zia Velda sul divano bianco, abbiamo bevuto a piccoli sorsi l'acqua al bergamotto.

Gli ho chiesto del suo lavoro; lui rispondeva in modo preciso, ma senza pedanteria. Mi ha spiegato il grado di evaporazione nei componenti dei profumi, i tre livelli temporali della loro persistenza.

Ha detto "Le note di testa svaniscono in pochi minuti, ma sono loro a farti venire voglia di conoscere meglio un profumo. Come uno sguardo che ti può affascinare o respingere."

"E poi?" ho detto, anche se avrei voluto chiedergli subito di mia nonna.

"Le note di cuore esprimono la sua indole" ha detto Jean-Paul. "Però sono le note di fondo che ti accompagnano a lungo, e te lo possono rendere indispensabile."

"O insopportabile" ho detto; pensavo alle code dolciastre dei profumi che ogni tanto provavo nei negozi o negli aeroporti e non riuscivo a togliermi di dosso.

"Ma certo" ha detto Jean-Paul. "Del resto, ogni fragranza cambia a seconda della pelle di ciascuno. Le variabili oggettive sono molte, e le interpretazioni soggettive illimitate."

Ho detto "È un lavoro affascinante, il tuo". Pensavo che anche le famiglie e le loro storie si prestano a interpretazioni soggettive illimitate.

La zia Velda ha interrotto questi discorsi quasi con bruschezza, ha detto "Jean-Paul, cosa puoi raccontargli di sua nonna Doralice?"

"Ah, era una donna straordinaria" ha detto lui. "Ma questo lo sai."

"No che non lo so" ho detto. "Non so niente di lei."

Jean-Paul mi ha guardato, senza capire.

"Non l'ha mai conosciuta" ha detto la zia Velda.

"Ero convinto che fosse morta quando mio padre aveva due anni" ho detto. "Ho saputo che era viva solo dopo che è morta davvero."

Lui sembrava ancora più perplesso, ha guardato sua madre; lei annuiva appena.

"Com'era?" ho detto.

"Ah, grande carattere" ha detto lui. "Un vero spirito libero."

"Che profumo usava?" ho detto, d'istinto.

"Se lo creava da sola, mescolando oli essenziali" ha detto Jean-Paul. "La sua pelle aveva una lieve fragranza di cannella e coriandolo."

"Quante volte l'hai vista?" ho detto, e mi sembrava assurdo che lui avesse annusato la fragranza della pelle di mia nonna, mentre io nemmeno sapevo che fosse viva.

"Quasi ogni volta che andavo in Italia" ha detto lui. "Era

sempre illuminante, ma lo è stata in particolare quando sono andato a trovarla con la mia ragazza, che adesso è mia moglie. Stavamo insieme da qualche mese ma era una storia tormentata, perché la sua famiglia non approvava. Neanche la mamma, a dire la verità."

La zia Velda ha scosso la testa, senza sorridere.

"E Doralice?" ho chiesto.

"Doralice mi ha detto che conosceva fin troppo bene quel tipo di situazione, c'era passata anche lei. Ha preso il suo pendolino divinatorio e lo ha passato sulle nostre mani aperte, poi ci ha detto che saremmo stati felici insieme, di fregarcene delle nostre famiglie."

"Era di ametista, il pendolino?" ho detto.

"Sì" ha detto lui, sorpreso.

Mi sono voltato a guardare la luce attraverso le grandi vetrate.

La zia Velda si è alzata dal divano, ha detto "Non gli hai portato un filmino da vedere, Jean-Paul?"

"Certamente" ha detto lui. Ha preso il proiettore e lo schermo arrotolato, mi ha fatto strada lungo il corridoio fino a una stanza. Ha srotolato lo schermo sul suo supporto, sistemato il proiettore su un mobile contro la parete opposta, montato una bobina. Ha spostato due poltroncine, una per me e una per sua madre, ci ha fatto cenno di sederci. Ha tirato giù la tapparella, avviato il proiettore.

Mi aspettavo di dover restare lì seduto a guardare vecchie riprese amatoriali per chissà quanto tempo, nel ronzare della pellicola tra i piccoli cilindri dentati. Invece il filmino di Jean-Paul non durava nemmeno due minuti. Si vedeva una donna dai penetranti occhi scuri in piedi su un molo, con il mare schiarito dal sole sullo sfondo. In pantaloni e camicia, dinamica e impaziente, più giovane di come me l'aspettavo. Fumava una sigaretta, rideva e diceva qualcosa che non riuscivo a dedurre dal movimento delle labbra, poi faceva un gesto di taglio. Basta.

Jean-Paul ha spento il proiettore, è andato a tirare su la tapparella. Proiezione finita: Doralice dissolta nella luce che invadeva di nuovo la stanza.

Appena tornato in Italia ho fatto nuove ricerche su Internet

Appena tornato in Italia ho fatto nuove ricerche su Internet, nel tentativo di colmare almeno alcuni dei molti vuoti che mi erano rimasti dalla visita alla zia Velda. Mi rammaricavo di non aver fatto domande più mirate a lei e a Jean-Paul, invece di limitarmi ad assecondare le loro rievocazioni. Non ci ero riuscito per uno stupido riserbo, per fatalismo, perché mi imbarazzava non sapere niente di mia nonna e della sua famiglia. Però era stata la zia Velda a scrivere di volermi incontrare, e né a lei né a suo figlio mancavano la memoria o la voglia di raccontare. Ho pensato di telefonare o scrivere a lei, a lui o a tutti e due per chiedere quello che non avevo chiesto, ma ero anche ostacolato dalla mia propensione a fare le cose da solo.

Ho digitato su un motore di ricerca *Hidalgo Migliar*: niente. Ho provato ad aggiungere *Grasse* al nome: niente. Ho aggiunto *compositore*, *direttore d'orchestra*, in italiano e in francese: niente di niente.

Ho cercato *Medardo Migliar*: nessun risultato. *Medardo Migliar tenore*: zero.

Ho cercato *Adelchi Migliar*, secondo la zia Velda il rappresentante più famoso della famiglia, l'idolo delle *matinées* olandesi nonché attore, regista e produttore di decine di film girati tra Inghilterra, Stati Uniti e Argentina: niente. Tutto quello che veniva fuori erano video di diverse versioni teatrali dell'*Adelchi* di Alessandro Manzoni, e copertine di edizioni vecchie e nuove del libro *Liriche e la tragedia Adelchi*. Nient'altro.

Mi è sembrato chiaro che il padre della zia Velda non era stato un direttore d'orchestra o compositore di rilievo, che suo zio Medardo non era appartenuto alla schiera dei grandi tenori, e che nemmeno Adelchi Migliar aveva lasciato un segno permanente nella storia del cinema mondiale. Internet non contiene certo tutte le verità dell'universo, però è ben difficile che chi abbia fatto qualcosa di minimamente significativo possa risultare invisibile.

Ho pensato che i racconti di zia Velda appartenevano al genere letterario delle leggende familiari, in cui gli eventi più ordinari diventano memorabili, i successi più modesti motivi di orgoglio, le vite più normali avventure epiche. È un genere molto praticato, e anche ammirevole, per come richiede a chi narra capacità creative spesso mancanti ai suoi soggetti. Sarebbe assurdo se proprio io che faccio il romanziere disapprovassi negli altri la voglia, o la necessità, di inventare storie. E comunque tutte le vicende umane hanno aspetti sorprendenti, verità che si nascondono o si rivelano a seconda dell'angolazione da cui le si osserva.

Mi viene in mente quando avevo chiesto alla zia Anita se fossimo imparentati con Yvonne De Carlo, la star del cinema americano che era stata Sephora, la moglie del Mosè interpretato da Charlton Heston, ne *I dieci comandamenti* di Cecil B. DeMille, e che aveva recitato accanto a Clark Gable nel western *La banda degli angeli* di Raoul Walsh. La zia mi aveva risposto "Certo, era una cugina di secondo grado di tuo padre". Però poi avevo cercato qualche altra informazione sull'enciclopedia, e avevo letto che il vero nome di Yvonne era Margaret Yvonne Middleton, canadese naturalizzata americana. C'ero rimasto male, e avevo pensato che le informazioni della zia erano totalmente inattendibili. Anni più tardi invece ho scoperto che Yvonne aveva preso il suo nome d'arte dalla madre Marie De Carlo, figlia di Michele "Michael" De Carlo, originario di Messina come il mio bisnonno Vincenzo De Carlo. Dunque è più che possibile che mio padre fosse davvero suo cugino di secondo grado. Non che sia così rilevante, ma Yvonne era una donna bellissima.

Ho raccontato della zia Velda a mia sorella e lei mi ha mandato tre foto

Ho raccontato della zia Velda a mia sorella e lei mi ha mandato tre foto, fatte col cellulare dalle vecchie stampe che nostra madre aveva tenuto nella scatola da scarpe. Le ho trasferite sul computer per ingrandirle e studiarle meglio.

Senza nessuno a spiegarmele non è facile capire dove si trovassero i miei consanguinei al momento dello scatto, o in quale precisa fase della loro vita. Devo fare un lavoro di deduzione, arbitrario e senza riscontri, basato esclusivamente sulle mie capacità di osservazione e di analisi. Alcuni aspetti sembrano più semplici da interpretare, altri meno, altri ancora restano enigmatici.

Nella prima foto Doralice e Carlo sono inquadrati a mezzo busto in uno studio, presumibilmente poco dopo il loro matrimonio. Lei naso dritto e occhi scuri, lui camicia bianca e colletto rigido, capelli già un po' radi ancora pettinati all'indietro e non riportati di lato, naso così simile a quello di mio padre (e al mio), luce vagamente allarmata dietro le lenti senza montatura. I loro sguardi sono orientati in direzioni opposte, quello di lei verso destra e quello di lui verso sinistra. Il fatto che non sorridano è comune a quasi tutte le foto d'epoca, perché i tempi di posa erano lunghi e qualunque movimento facciale avrebbe prodotto una sfocatura. Ma non si tratta solo di quello: c'è una fondamentale mancanza di serenità nelle loro espressioni, una tensione che li allontana invece di avvicinarli, un aleggiare di cose non dette.

Però studiare così i miei nonni paterni mi suscita una sensazione di profonda ingiustizia, per come dalla mia prospettiva la storia è già scritta, e dalla loro c'è solo il momento a cui appartengono. I due punti di vista non sono comparabili: il mio ha lo spessore inconsistente di una fotografia, il loro la profondità di una realtà insondabile. Chissà quanti pensieri c'erano dietro quelle espressioni, chissà quali aspettative, speranze, paure, riflessioni, determinazioni, progetti, difficoltà, incertezze. Mi sembra così sleale investigare le loro espressioni, i loro vestiti; detesto l'approssimazione dei giudizi che mi affiorano automatici, il modo affrettato in cui arrivo a conclusioni. Su cosa si basa la mia stupida condiscendenza? Sul sapere quello che è successo al mondo nel secolo intero che è passato tra noi, e che loro non potevano immaginare? Sul senso di superiorità generato da un'evoluzione tecnica e scientifica a cui non ho minimamente contribuito, e di cui non apprezzo nemmeno tutte le conseguenze? Sul possedere strumenti di comunicazione mille volte più rapidi dei loro? Sono i messaggi istantanei del mio telefono a farmi sembrare malinconiche le cartoline e le lettere che Carlo e Doralice si scrivevano a penna? È il disincanto totale della mia epoca a farmi apparire ingenui i sentimenti che li attraversavano, e che hanno impresso spinte paurose e provocato battute d'arresto rovinose alle loro vite? Perché non la smetto di cercare aggettivi per definire le loro pose e i loro sguardi?

Più ci penso, più mi sembra assurdo non essermi interrogato prima su chi fossero davvero Carlo e Doralice, o averlo fatto con curiosità inconsistente, come uno potrebbe rovistare nella confusione di un cassetto pieno di roba vecchia per vedere se salta fuori qualcosa di interessante. E non mi consola sapere che il mio è un atteggiamento largamente condiviso, tranne forse dai fissati della genealogia che vogliono vantarsi delle gesta di qualche antenato. Ormai tendiamo a registrare ogni momento come un numero digitale, senza la minima consapevolezza delle lancette che hanno girato prima e gireranno dopo nel quadrante, minuto dopo minuto, ora dopo ora.

La seconda foto ritrae un gruppo di famiglia in una località marina, quasi certamente la costa a sud-est di Genova. Forse Nervi, dove anni più tardi Carlo avrebbe comprato una casetta, poi svenduta malamente dai miei genitori. Il mare non si vede, ma è facile intuire la sua presenza dalla luce, dai massi su cui il gruppo è seduto, dalla staccionata di legno subito dietro. Tutti hanno gli occhi socchiusi nel sole intenso, gli abiti delle due donne sono leggeri, con ampie scollature; i loro cappelli hanno la falda larga. A sinistra Carlo tiene sulle ginocchia Giancarlo, che deve avere un paio d'anni o poco più. Il mio futuro padre guarda in basso con un'espressione infelice, ma nemmeno il mio futuro nonno sembra a suo agio, chiuso in quella posa seria quanto il suo completo grigio, con il cappello che gli fa ombra su metà della faccia. A prima vista non riconosco Doralice alla sua destra, perché è molto più in carne rispetto alle sue immagini precedenti. Senza usare eufemismi, è grossa il doppio di com'era prima di avere un figlio. Però se studio i suoi lineamenti con attenzione non c'è dubbio che la ragazza magra delle altre foto e la donna sovrabbondante di questa siano la stessa persona. D'accordo, può capitare di mettere su molto peso durante una gravidanza e non recuperare più le forme di prima, ma qui il cambiamento assomiglia troppo a una metamorfosi. È stata l'infelicità coniugale a provocare in Doralice una bulimia incontrollabile? È stata la nostalgia per la sua vita libera a farla sprofondare in una grave depressione? Può esserci stato un abuso di alcol, oltre che di cibo?

L'uomo alla sua destra lo riconosco dalle foto che mi ha mostrato la zia Velda: è Hidalgo, il suo futuro padre, compositore e direttore d'orchestra, cappello in mano e posa di gran piglio, ciuffo nero che svetta sullo sfondo chiaro. La giovane donna di fianco a lui è forse Pablita, la sorella più giovane, quella che di lì a qualche anno avrebbe dissipato il patrimonio immobiliare dei Migliar in Cile. Sorride sotto il grande cappello, mento in su, con un'espressione che mi sembra di una leggerezza irresponsabile. Il più sicuro di sé dell'intero gruppo è l'uomo seduto su una roccia in primo piano: abito magnificamente tagliato sulla figura imponente, ampia pochette che ricade dal taschino, cravatta bianca a righe scure orizzontali, cappello chiaro con fascia di raso. È Medardo, il tenore sul quale non sono riuscito a trovare niente? O Adelchi, la star del cinema nonché regista e produttore di cui non c'è il minimo riscontro al di fuori dei racconti di zia Velda? Chiunque dei due sia, sembra un gangster nordamericano. Mia sorella ha scritto a commento della foto: *Questa deve essere di poco prima del fattaccio, perché sono tutti strafottenti fuorché Carlo e il piccolo Giancarlo, tristi e a disagio.*

Non saprei dire se quella dei Migliar sia proprio strafottenza, o una naturale esuberanza. Ma sul disagio di Carlo e del piccolo Giancarlo non ho il minimo dubbio; così come sul contrasto tra le proporzioni delicate dell'ingegnere siciliano e quelle imponenti degli artisti cileni. È raro vedere una disparità fisica e caratteriale così accentuata tra due lati di una stessa famiglia; sembra bizzarro che esseri umani tanto diversi abbiano mai avuto un punto d'incontro.

Terza foto: ci sono io, in braccio a mio nonno Carlo, ormai anziano anche se non quanto sembra. Ho forse un anno meno di mio padre nella foto precedente, e guardo mia madre fuori dall'inquadratura, in cerca di rassicurazioni. Il nonno sorride con dolcezza, i capelli radi riportati meticolosamente da sinistra a destra, una nuova versione dei suoi classici occhiali senza montatura, un elegante completo grigio come sempre. E sulla sua guancia sinistra è perfettamente visibile la cicatrice di cui aveva parlato zio Baku.

Va dal sopracciglio fino al lobo dell'orecchio, e da lì scivola verso l'angolo della bocca: la conseguenza indelebile di una coltellata micidiale che avrebbe potuto portargli via un occhio, o anche la vita.

È strano trovare la prova di un delitto cent'anni dopo che è stato commesso

È strano trovare la prova di un delitto cent'anni dopo che è stato commesso: allo stupore si mescola la frustrazione per come sai già quanto sarà difficile ricostruire a una tale distanza i fatti e le ragioni, i precedenti e le conseguenze. Ma ci si può provare.

Se osservo le dimensioni e la forma della cicatrice sul viso del nonno Carlo, ho la certezza istintiva che non sia dovuta a un incidente, a un gioco andato male, a un semplice atto intimidatorio. Non ho bisogno del parere di un medico per sapere che è la traccia di un'aggressione selvaggia. Però inoltro ugualmente la foto a un amico chirurgo che lavora in un pronto soccorso, e lui, dopo averla esaminata, mi scrive che la cicatrice "*è compatibile con una profonda ed estesa lesione provocata da un'arma da taglio (rasoio a lama aperta, coltello a serramanico, coltello da cucina)...*"

Di nuovo mi chiedo come io abbia potuto non avere memoria di un segno del genere sulla faccia di mio nonno. Il fatto è che le pochissime volte che l'avevo visto ero un bambino e lui mi sembrava un vecchio: evidentemente ai miei occhi la cicatrice era solo uno tra i molti solchi lasciati dal tempo sulla sua faccia. Del resto non avevo un altro nonno dal viso intatto a cui paragonarlo.

Torno a guardare le sue foto precedenti, per cercare di capire a quando risalga la cicatrice. In quelle da giovane non c'è: non c'è nelle foto insieme a Doralice, non c'è nella foto con i Migliar presso il mare.

Mia sorella mi aveva mandato anche un ritratto di Carlo da solo, che a prima vista mi era sembrato poco interessante. È una foto di studio a mezzo busto: lui con la sua tipica espressione mesta, i soliti occhialini senza montatura, giacca e cravatta sotto un cappotto scuro, sfumato da una vignettatura innaturale che lo fa sembrare un fantasma affiorato dalla nebbia. È ancora giovane, ma i suoi capelli sono già radi e riportati di lato; se dovessi datarla direi che è di pochi anni dopo la foto al mare insieme ai Migliar. A prima vista mi sembra che la cicatrice non ci sia, però appena ingrandisco l'immagine e la studio con più attenzione vedo sulla sua guancia sinistra la striscia chiara lasciata da un ritocco in punta di pennello. È un lavoro che conosco bene, per aver ritoccato decine di stampe da ragazzo quando avevo fatto da secondo assistente a un fotografo. Il primo assistente era uno svizzero maniacale, che decenni prima dell'avvento del ritocco elettronico e dei filtri ringiovanenti automatici riusciva a cancellare rughe, segni di stanchezza, borse sotto gli occhi e ogni minima imperfezione della pelle con il suo set di pennellini di diversi diametri. Nel caso del ritratto di mio nonno il ritocco non è certo perfetto, e lascia percepire il solco a falce così evidente nella foto in cui lui anziano mi tiene in braccio.

Adesso riesco a vedere solo quella cicatrice malamente coperta, e mi sembra chiaro che c'è una corrispondenza di tempi tra la coltellata che l'ha provocata e la sparizione di Doralice dalla vita di Carlo e del piccolo Giancarlo. Più guardo e riguardo le foto, più ne sono sicuro.

Dove era avvenuto l'attacco? Su una banchina del porto? Nella penombra di un carruggio, sotto gli occhi di contrabbandieri e prostitute? In una via del centro piena di gente per bene? In un bar? Alla stazione ferroviaria? E quando? Di giorno? Di notte? La coltellata al volto era stata l'unica, o l'aggressore ne aveva tirate altre al corpo, che avevano lasciato cicatrici altrettanto impressionanti ma non visibili sotto gli accurati abiti grigi di Carlo?

E cos'era successo subito dopo? Carlo era rimasto in piedi, appoggiato a un muro e ancora incredulo mentre l'accoltellatore scappava a gambe levate? Era caduto a terra, svenuto? Qualcuno lo aveva soccorso? Si era trascinato da solo fino all'ospedale? Quanti punti di sutura gli avevano dato? Cosa aveva raccontato ai medici? Aveva sporto denuncia alle autorità? O era riuscito a tornare a casa e aveva rivelato l'aggressione solo alla moglie e ai parenti, per evitare uno scandalo con conseguenze gravi sulla sua posizione e i suoi rapporti sociali? Cosa aveva fatto nei giorni seguenti? Si era chiuso in casa e dato per malato? Per quanto tempo? Non poteva certo assentarsi indefinitamente dal lavoro, e allora come aveva fatto a presentarsi negli uffici del Lloyd Triestino con metà faccia bendata? Si era inventato un incidente? I suoi superiori e colleghi gli avevano creduto? Al di là del dolore fisico, quanto lo aveva fatto soffrire l'essere sfregiato per sempre? Non era certo un avventuriero orgoglioso della sua vita spericolata, era un ingegnere navale sobrio all'estremo, meticolosamente curato nell'aspetto.

E Doralice? Era stata presente all'accoltellamento? Se sì, aveva cercato di difendere suo marito? Era svenuta per lo spavento? Si era messa a gridare, aveva richiamato gente? Oppure si era visto arrivare Carlo a casa con la faccia ridotta a una maschera di sangue? Aveva perso la testa, o era riuscita a mantenere la calma? Aveva provato a medicare lei Carlo, o si era rivolta a qualcuno perché le faceva troppa impressione? Essere all'origine di quello che era successo l'aveva fatta sentire in colpa, o aveva aumentato la sua insofferenza?

Sì, perché l'altra deduzione a cui arrivo senza molti dubbi è che le ragioni dell'accoltellamento siano state sentimentali. Quali altre avrebbero potuto essere, altrimenti? Debiti di gioco, scommesse perdute, investimenti sbagliati, prestiti mai restituiti? Ma in base a tutti i dati disponibili il mio futuro nonno Carlo era un uomo fin troppo serio e prudente, di estremo equilibrio. Innamorarsi di Doralice dev'essere stata l'unica sbandata della sua vita.

La zia Anita aveva accennato in modo allusivo a una possibile tresca di Doralice con qualche connazionale incontrato al porto. Carlo potrebbe averla scoperta e preteso un confronto con l'amante, e l'amante potrebbe averlo aggredito. O forse era stato uno dei fratelli di Doralice, intervenuto per spalleggiarla e difendere l'onore dei Migliar? Loro sì che erano uomini d'azione, con una forte propensione per il rischio. Basta pensare ad Adelchi, che secondo i racconti della zia Velda aveva fatto il pugile e il domatore di leoni prima di diventare un divo del cinema; non è difficile immaginare una sua familiarità con i coltelli.

Se torno a guardare la foto di gruppo presso il mare di Nervi, il contrasto tra l'esilità di Carlo e la prestanza fisica dei maschi Migliar non potrebbe essere più stridente. Forse mia sorella aveva ragione a parlare di strafottenza. Il fratello in primo piano, Adelchi o Medardo che sia, ha quel modo tracotante di impadronirsi dell'inquadratura; e Hidalgo da parte sua con quell'espressione tormentata non sembra proprio il cognato affidabile che tutti vorrebbero avere. La zia Velda me lo aveva descritto come un uomo interamente dedito alla musica, ma non si può pretendere che avesse una visione obiettiva di suo padre.

Avrei preferito di gran lunga pensare che l'accoltellatore di Carlo fosse uno sconosciuto amante o pretendente di Doralice, ma ormai l'idea che sia stato invece uno dei suoi fratelli non mi esce più dalla testa.

A sentire la zia Velda i miei bisnonni Migliar erano piemontesi di Asti

A sentire la zia Velda i miei bisnonni Migliar erano piemontesi di Asti, emigrati in Cile nella seconda metà dell'Ottocento: forse l'unico dato che coincide con i racconti altrimenti inattendibili della zia Anita. Però ho fatto una ricerca sul cognome in diversi siti italiani, e di Migliar non ne ho trovati. L'origine naturalmente ha a che fare con la coltivazione o il commercio del miglio, un tempo molto più diffuso di oggi. Ci sono Miglio, Migliara, Migliari, Migliaro, Migliarini, Migliarucci, Migliardi, ma nessun Migliar. Ho spostato l'indagine in Cile, e anche lì niente Migliar. Ho provato allora la forma Millar, che in spagnolo si pronuncia allo stesso modo: ce ne sono più di cinquemila. Il primo che viene fuori è un quasi omonimo del mio prozio tenore, un Medardo Millar nominato calciatore cileno dell'anno nel 2010.

Comunque sia, se erano originariamente di Asti i Migliar avevano fatto parte di un flusso consistente di persone che tra il 1861 e l'inizio della prima guerra mondiale se ne erano andate dal Piemonte. L'Unità d'Italia con la sua liberalizzazione del mercato aveva portato alla rovina una grande quantità di piccole imprese commerciali, mestieri artigiani, industrie domestiche, manifatture rurali e aziende agricole, e aveva spinto un milione e mezzo di piemontesi a emigrare verso altri paesi europei, soprattutto la Francia, o verso quella che chiamavano “la Merica”.

I più poveri andavano negli Stati Uniti, dato che i biglietti costavano meno, il viaggio era più breve e all’arrivo, una volta superata la selezione a Ellis Island, era abbastanza facile trovare lavoro come operai o artigiani. Andare in America del Sud comportava una traversata molto più lunga e costosa, però la lingua e la cultura erano più vicine a quelle italiane, e c’era parecchio spazio per chi volesse dedicarsi al commercio o all’agricoltura. Inoltre i governi locali spesso invogliavano gli emigranti a partire, con rateizzazioni delle spese di viaggio e programmi di avviamento al lavoro.

La prima tra le destinazioni sudamericane dei piemontesi era l’Argentina, poi venivano il Brasile, Cuba, l’Uruguay e il Messico; il Cile era in fondo alla lista, sceglieva di andarci solo il due per cento degli emigrati. Dipendeva dal fatto che era il luogo più lontano, l’ultimo porto di approdo di un’estenuante traversata oceanica. Il paese aveva sì molte risorse minerarie, ma la sua natura era difficile, con una configurazione stretta e lunga, in parte desertica e in parte montagnosa, limitata a ovest dall’oceano Pacifico e a est dalla catena delle Ande. I Mapuche che lo abitavano da sempre avevano condotto per trecento anni un’accanita guerra di resistenza contro gli invasori spagnoli, e si erano arresi solo nel 1881.

Finché il Cile era una colonia spagnola, gli italiani che ci vivevano erano poche decine. Il più famoso tra loro era stato l’architetto Gioacchino Toesca, nato a Roma nel Settecento, emigrato in Spagna e da lì invitato a Santiago per costruire la cattedrale, il Palacio de La Moneda e altri edifici pubblici. Aveva progettato anche un sistema di dighe per proteggere la città dalle esondazioni del fiume Mapocho. Si era sposato con una diciassettenne di nome Manuela Fernández de Rebolledo, che però era diventata matta e aveva cercato di avvelenarlo. Dato che di manicomi in Cile non ce n'erano, era stata rinchiusa in un convento, come si usava al tempo.

Solo dopo l'indipendenza, nel 1818, il governo cileno aveva cominciato a incoraggiare l'immigrazione dall'Europa. Alla fine dell'Ottocento c'erano diversi commercianti italiani nella zona settentrionale di Arica, dove iniziava lo sfruttamento delle miniere di salnitro. Altri si erano installati a Santiago, Iquique, Copiapó, Concepción e Punta Arenas. Agli inizi del Novecento un gruppo di ottantotto famiglie del modenese aveva creato nel cuore dell'Araucania un insediamento rurale chiamato Colonia Nueva Italia, poi rinominato Capitan Pastene in onore di un navigatore italiano che aveva esplorato le coste cilene nel Cinquecento. Il territorio non era tra i più tranquilli, ma pare che tra i Mapuche e gli italiani la convivenza fosse abbastanza pacifica.

Sempre secondo i racconti della zia Velda, i miei bisnonni Juan e Dominga Migliar si erano stabiliti a Concepción, nella regione di Bío Bío, dove avevano avviato la loro attività e tirato su la famiglia. Ma perché proprio lì? E perché avevano nomi spagnoli, se venivano da Asti? Qual era la loro attività? La zia Anita aveva accennato a proprietà immobiliari bruciate al gioco dal mascalzone di Pablita, la sorella minore di Doralice. Dunque i miei bisnonni cileni erano commercianti e proprietari terrieri? E la compagnia teatrale Migliar, allora? Era un'occupazione parallela? Un hobby? Una vocazione? Oppure la zia Anita aveva orecchiato qualcosa e l'aveva interpretato a modo suo, in buona o cattiva fede?

Non so perché non avessi fatto queste domande alla zia Velda, quando ero andato a trovarla: credo che sia un altro esempio della distrazione da elementi collaterali che mi impedisce di restare focalizzato sulle spiegazioni quando chiedo la strada a qualcuno. Se mi faccio confondere dall'aspetto e dal tono di voce di uno sconosciuto, figuriamoci cosa succede alla mia attenzione in un incontro con una zia francese novantatreenne mai frequentata prima. Però devo confessare che non mi dispiaceva dover usare l'immaginazione per colmare gli spazi di incertezza, e che ricostruire una storia vera mi affascina ancora più di inventarmene una. È la stessa ragione per cui non ho avuto voglia di inoltrarmi in sistematiche ricerche d'archivio.

In ogni caso, allo scoppio della prima guerra mondiale la già modesta emigrazione italiana in Cile si era arrestata; ma a quanto ne sapevo è proprio allora che per ragioni inspiegabili i fratelli Migliar avevano deciso di fare il percorso contrario.

Oltretutto, su quale nave si erano imbarcati? Con l'inizio della guerra la maggior parte dei transatlantici era stata requisita dagli stati, e trasformata in navi trasporto truppe o navi ospedale. Per i viaggiatori civili era diventato molto difficile, se non impossibile, fare una traversata oceanica. Basti pensare al *Lusitania*, che nel 1915 dopo essere partito da New York era stato affondato da un U-Boot tedesco con milleduecentouno passeggeri, quando era ormai vicino alle coste irlandesi. Solo sei delle quarantotto scialuppe di salvataggio erano riuscite a portare a Queenstown i sopravvissuti.

Mettersi per mare in quegli anni era decisamente un'impresa pericolosa; chi saliva su una delle poche navi ancora in servizio doveva avere motivi molto pressanti per farlo. Quali erano stati i motivi dei fratelli Migliar?

In questa storia ogni domanda sembra tirarsene dietro un'altra

In questa storia ogni domanda sembra tirarsene dietro un'altra. Avevo appena cominciato a capire come i genitori di Doralice fossero finiti a Concepción nel Bío Bío, e già mi ritrovavo a chiedermi perché mai i fratelli Migliar avessero deciso di venire in Italia proprio verso l'inizio della prima guerra mondiale.

Nel 1915 il nostro paese era entrato in uno dei conflitti più insensati e distruttivi di tutti i tempi, in ritardo di un anno rispetto agli altri contendenti, e chiedendo in cambio il Trentino, il Sud Tirolo e la Dalmazia. Dopo l'assassinio a Sarajevo dell'arciduca Francesco Ferdinando e di sua moglie Sofia, la Germania, la Russia, la Gran Bretagna, la Francia e il Belgio erano scese in guerra secondo i loro complicati sistemi di alleanze, seguiti dal Giappone, dall'impero ottomano e poi dagli Stati Uniti. Quella che avrebbe dovuto essere una guerra brevissima si era trasformata in un logorante massacro nelle trincee, con avanzate e ritirate insignificanti che ogni volta macinavano migliaia di vite.

A Natale del 1915 il debito pubblico delle nazioni coinvolte era raddoppiato rispetto all'anno prima. Dodici mesi di guerra costavano quanto tutte le reti ferroviarie di Europa, Asia, Africa e Australia costruite nell'arco di settant'anni; o quanto tre milioni di palazzi di cinque piani; o quanto il bestiame e gli attrezzi agricoli dell'intera Europa; o quanto un milione di chilometri di deserto trasformati in terre coltivabili, in grado di nutrire trenta milioni di persone. Il canale di Panama era costato come un solo mese di scontri; il canale di Kiel, quello di Suez e quello di Manchester come una sola settimana.

Nello stesso periodo anche il Cile aveva i suoi problemi, tra rischi di bancarotta, vita parlamentare minacciata dai militari, tentativi di colpi di stato, scioperi. Però si era tenuto fuori dalla Grande guerra, e poiché era il principale produttore mondiale di nitrati, indispensabili a creare munizioni per fucili, cannoni e bombe, ne aveva anche ricavato dei vantaggi. Per un cittadino cileno non era decisamente il momento migliore per lasciare il paese alla volta dell'Europa.

Di nuovo: perché i fratelli Migliar erano partiti? Cosa li aveva spinti a lasciare la terra in cui avevano una vita presumibilmente confortevole, per fare una traversata pericolosa verso un continente devastato da un conflitto catastrofico che stava causando milioni di morti e la distruzione di attività, beni, abitudini, stili di vita? Se la versione della zia Velda fosse quella giusta, quali prospettive offriva l'Italia di quei giorni a un cantante, un attore e un direttore d'orchestra in cerca di fortuna? Se invece aveva ragione la zia Anita, che possibilità di lavoro aveva una piccola compagnia di teatranti cileni sconosciuti?

Non che il teatro italiano fosse morto durante la grande guerra, anzi. Pirandello aveva iniziato a scrivere proprio in quegli anni le sue "commedie cerebrali" *Pensaci Giacomino!*, *Il berretto a sonagli*, *Così è (se vi pare)* e *Il giuoco delle parti*. Nel 1916 era stata rappresentata *La maschera e il volto* di Luigi Chiarelli, un primo esempio di teatro grottesco. Nel 1918 era andata in scena *Marionette, che passione!* di Rosso di San Secondo, e *L'uomo che incontrò se stesso* di Antonelli. Nel 1919 erano usciti *L'uccello del Paradiso* di Cavacchioli e *L'uomo, la bestia e la virtù* di Pirandello. Fra il 1913 e il 1915 Marinetti aveva scritto i due manifesti del Teatro di varietà e del Teatro futurista sintetico. E Petrolini negli stessi anni era uscito con il *Nerone* e *Il bell'Arturo*.

Però la guerra aveva reso terribilmente precaria la sopravvivenza dei teatri come attività commerciali basate sull'afflusso di spettatori paganti. La situazione già preoccupante all'inizio delle ostilità era diventata disastrosa dopo la disfatta di Caporetto. Almeno trecento attori maschi erano stati richiamati alle armi, il che rendeva impossibile portare in scena molti spettacoli, e metteva in dubbio la sopravvivenza di molte compagnie. In più i teatri potevano restare aperti solo alcuni giorni alla settimana, a causa del coprifuoco e delle disposizioni sul risparmio di energia; e la gente che già faticava a trovare i generi di prima necessità aveva sempre meno mezzi, e voglia, di spendere soldi per l'intrattenimento.

Lo stesso valeva per le sale da concerto, con gli organici delle orchestre depauperati, i direttori costretti a dirigere musiche patriottiche o selezioni di arie d'opera per risollevare il morale della popolazione e delle truppe. Come Arturo Toscanini, che nell'agosto del 1917 aveva attraversato l'Isonzo, convinto una banda divisionale a seguirlo in una lunga marcia tra i combattimenti in corso, ed era arrivato a ridosso della prima linea del Monsanto. Così verso le dieci di sera era riuscito a dirigere un concerto di un'ora che comprendeva la Marcia Reale, l'inno di

Mameli e una selezione di musiche orecchiabili. Gli austriaci avevano risposto con cannoneggiamenti alla cieca su tutta la zona, e non credo che i suonatori ne fossero stati felici.

Quanto al cinema, i film prodotti in Italia in quegli anni erano di pessima qualità, come *Rapsodia satanica* di Nino Oxilia o *La beffa di Satana* di Telemaco Ruggeri, o impregnati di retorica bellicista, come *Guglielmo Oberdan, il martire di Trieste* di Emilio Ghione, e *Sempre nel cor la Patria!* di Carmine Gallone. Alla fine del 1916 ne erano usciti centotrenta tutti dedicati alla guerra, compresi quelli per bambini come *La guerra e il sogno di Momi*. Ma con il trascinarsi del conflitto il pessimismo aveva cominciato a dilagare, e film come *Maciste alpino* non divertivano più nessuno.

Se i fratelli Migliar si erano immaginati di trovare chissà quali opportunità in Italia, devono essere rimasti parecchio delusi.

Forse però la ragione che li aveva spinti a lasciare il Cile non aveva niente a che fare con le loro aspirazioni artistiche. È possibile che uno dei fratelli di Doralice si fosse reso responsabile di un episodio grave, e che gli altri lo avessero voluto accompagnare nella fuga, per solidarietà o per paura di finire anche loro nei guai?

Come se la prima guerra mondiale non fosse abbastanza

Come se la prima guerra mondiale non fosse abbastanza, nel 1918 era arrivata l'influenza spagnola. Si chiamava così non perché venisse dalla Spagna, ma perché la Spagna non era tra i paesi belligeranti, e i suoi giornali potevano parlare senza censura della malattia sconosciuta e incredibilmente contagiosa appena sbarcata in Europa. È probabile che fosse un virus aviario nato in Cina e mutato, arrivato negli Stati Uniti per poi attraversare l'oceano con i soldati americani spediti al fronte in Francia, Inghilterra, Italia e nel resto d'Europa. In meno di due anni, e in tre diverse ondate, la Spagnola aveva colpito cinquecento milioni di persone, un terzo della popolazione mondiale, e ne aveva ammazzate cinquanta milioni. In Italia c'erano stati seicentomila morti: peggio che da qualsiasi altra parte, in rapporto al numero di abitanti.

I medici non ci capivano niente, e la prima ondata in primavera non sembrava più grave delle solite influenze. I giornali italiani non ne parlavano, perché un regio decreto dell'anno prima puniva severamente il "provocare allarme" e "deprimere lo spirito pubblico". Però tra la fine dell'estate e l'inizio dell'autunno era arrivata la seconda ondata, molto più violenta della prima. La malattia si manifestava "con lieve catarro del naso, senso di molestia alla gola, stanchezza, dolori vaghi a tutto il corpo". Poi saliva la febbre, "preceduta da brivido o accompagnata da forte mal di capo, arrossamento degli occhi che male sopportano la luce, tosse stizzosa, perdita di sangue dal naso, e seguita da tracheobronchiti, bronchiti acute, catarri soffocanti, polmoniti". Erano queste complicazioni a uccidere, non l'influenza in sé. E i giovani adulti dai venti ai quarant'anni venivano colpiti più degli anziani. La gente era già debilitata dalla guerra, le strutture sanitarie erano a pezzi, buona parte dei medici, infermieri e farmacisti erano al fronte, mancavano medicine e generi di prima necessità per malati e convalescenti. Si faceva la fila davanti alle farmacie per comprare chinino e aspirina, completamente inutili. C'era chi proponeva cure a base di tintura d'oppio canforata, acido fenico, iniezioni di percloruro di mercurio. Molti fumavano o bevevano, convinti che il fumo e l'alcol contrastassero l'influenza. Le direttive del ministero dell'Interno invitavano a chiudere le scuole, ridurre al minimo le riunioni pubbliche in teatri e cinema. Le feste patronali erano sospese, le strade puzzavano di acido fenico sparso come disinfettante. C'erano dappertutto cartelli che invitavano a non sputare per terra, cosa che allora facevano quasi tutti. Era proibito visitare gli ammalati, portare le condoglianze alle famiglie dei defunti, seguire i funerali. Le chiese invece restavano aperte, per le pressioni del Vaticano. Appena arrivava la sera, circoli, caffè e bettole chiudevano i battenti, le strade delle città diventavano buie. I ricercatori continuavano a non trovare una cura, e intanto i giornali impastoiati dalla censura continuavano a minimizzare la situazione, o a ignorarla del tutto.

All'inizio del 1918 era sembrato che la pandemia allentasse la presa, ma nell'inverno la situazione era peggiorata di nuovo, anche a causa dei grandi assembramenti di folle festanti per la fine della guerra. Tra i morti c'era anche una sorella di Carlo De Carlo, una mia prozia di cui non ho mai saputo il nome, che si era ammalata a Milano e malgrado l'assistenza amorevole dei fratelli non ce l'aveva fatta.

Poi verso la metà del 1920, a circa due anni dal suo inizio, la Spagnola se n'era andata. I fratelli Migliar erano da qualche anno sul continente europeo, Carlo e Doralice si erano sposati, e il mio futuro padre Giancarlo era nato da qualche mese.

Dell'infanzia di mio padre so ben poco

Dell'infanzia di mio padre so ben poco. Se cerco il suo nome nel *Dizionario Biografico degli Italiani* della Treccani, trovo:

> **De Carlo**, Giancarlo
> Unico figlio di Carlo, ingegnere navale nato a Tunisi da genitori siciliani, e di Doralice (Dora) Migliar, nata a Concepción in Cile ma di origini piemontesi, nacque a Genova il 12 dicembre del 1919. In seguito alla separazione dei genitori, il piccolo Giancarlo rimase affidato al padre che, impossibilitato per motivi di lavoro a seguirlo adeguatamente, nel 1927 lo affidò a sua volta ai propri genitori a Tunisi. Visse con i nonni paterni per l'intero arco degli studi inferiori, culminati nella maturità scientifica conseguita nel giugno del 1937, mantenendo la residenza a Tunisi anche in seguito, quando rientrò in Italia per raggiungere l'Accademia navale di Livorno…

Una volta archiviate, le vite delle persone sembrano aver seguito i loro percorsi con fluida inevitabilità; ma è un effetto dovuto alla rimozione di tutte le incertezze, i dubbi, gli sbagli, le pause, le deviazioni e le accelerazioni che le avevano rese imprevedibili mentre venivano vissute. Poi non è che le note biografiche siano prive di errori e fraintendimenti. Per esempio, il piccolo Giancarlo non era stato col padre fino ai sette anni di età; la zia Anita se lo era portato a Livorno, dove erano rimasti per cinque anni, prima di raggiungere i nonni a Tunisi. Quasi inevitabilmente manca qualunque accenno alle vere ragioni dietro alle scelte dei De Carlo, e alle loro conseguenze a lungo termine. Chi oggi legga la nota enciclopedica nemmeno ci pensa, a cosa fosse successo nelle teste e nei cuori del piccolo Giancarlo e dei suoi genitori bruscamente separati.

Io però posso immaginarmi le consultazioni frenetiche tra fratelli, sorelle e genitori subito dopo la separazione: lo sconvolgimento di Doralice, lo sbalestramento di Carlo, l'angoscia di Vincenzo arrivato in nave da Tunisi per affrontare l'emergenza. E lo sgomento di zia Anita, quando da giovane donna nubile si era ritrovata addosso la responsabilità di tirare su un nipotino che agli occhi dei maliziosi e dei pettegoli poteva sembrare un figlio illegittimo. Zio Sarino l'avrà certamente protetta e aiutata, ma non credo che l'accademia navale gli concedesse molto tempo libero, nel suo percorso per diventare capitano di corvetta. E Carlo non poteva certo avere tante occasioni di andare a trovare suo figlio, preso com'era dal suo lavoro: il viaggio in treno da Genova a Livorno era lungo, sette ore tra andata e ritorno. Non ho dubbi che la zia abbia ricoperto il piccolo Giancarlo di affetto, e che lui le si fosse legato come a una mamma; però l'anomalia della situazione doveva essere evidente a tutti.

Della sua infanzia livornese mio padre mi ha raccontato solo che una volta mentre saliva le scale di casa si era trovato di fronte un enorme felino. Gli avevo chiesto se intendesse un grosso gatto; lui aveva detto "Ma no, molto più *grande*". Gli avevo chiesto quanto grande. “Come un cane” aveva detto mio padre, che non amava gli animali in genere. “Faceva la danza del latte sul pianerottolo, zampa zampa, e mi guardava fisso, con enormi occhi gialli. Sono rimasto lì paralizzato per qualche secondo, poi mi sono girato e sono volato giù per le scale, tre gradini alla volta.” Allora l’avevo interpretata come la proiezione fantasmatica di un bambino semiorfano esposto a un mondo di paure, ma a ripensarci adesso non è impossibile che nell’Italia degli anni venti qualche eccentrico viaggiatore di ritorno dall’Africa avesse portato con sé un servàlo, lo snello gattopardo africano alto sessanta centimetri alla spalla.

Mio padre non era certo l’unico a provare diffidenza verso gli animali come possibili predatori e fonti di sporcizia e malattie, in una generazione le cui case erano regolarmente visitate da topi, scarafaggi e pulci, però nel suo caso si trattava quasi di una fobia.

Mi ricordo un lontano giorno d’estate, quando lui aveva portato me e mia sorella a Punta Bianca, un tratto scosceso della costa ligure dove rocce di marmo candido scendono fino al mare, la meta più bella e difficile da raggiungere per noi che villeggiavamo a Bocca di Magra. Di solito ci andavamo in barca, con la brucella a fondo piatto fatta costruire da mio padre sul modello di quelle usate per pescare i muggini alla foce del fiume. La pesca prevedeva due persone a bordo, una in piedi ai remi e l’altra sulla prua con in mano il rezzaglio, una rete circolare con piombi tutto intorno che una volta lanciata si apriva a cerchio per poi richiudersi intorno alle prede. Entrambe le tecniche si attenevano a un’estetica rigorosa, e mio padre aveva imparato alla perfezione la parte della voga, in cui investiva con sistematico impegno la sua determinazione mascolina. Scalzo, il piede sinistro piantato fermamente in avanti sul pagliolo di legno, il destro che scivolava all'indietro mentre lui portava verso di sé i remi. Le pale scorrevano a pochi centimetri dall'acqua lasciando una scia di gocce sulla superficie, prima di inclinarsi e tuffarsi di taglio; i polsi ruotavano, le braccia con uno scatto deciso si allontanavano dal petto e la barca faceva un balzo in avanti.

Quel giorno invece per qualche motivo eravamo andati a Punta Bianca a piedi, lungo una strada militare sterrata e poi giù per un sentiero scosceso tra rocce e cespugli. Avevamo nuotato nell'acqua color smeraldo e ci eravamo asciugati al sole sulle rocce di marmo farinoso, poi eravamo risaliti per il sentiero. Nostro padre camminava avanti con il suo ritmo implacabile, io e mia sorella seguivamo, coperti di sale e polvere di marmo, rintronati dal sole, ansimanti per lo sforzo. Ogni tanto ci fermavamo a riprendere fiato e guardare il mare scintillante alle nostre spalle, dove altre volte avevamo visto nostro padre nuotare verso il largo fino alle boe della marina militare, un puntino nero che si lasciava dietro una scia di schiuma bianca nella grande massa liquida. Di colpo lui si era fermato e aveva detto "Oh, mio dio!" L'esclamazione non gli apparteneva affatto; io e mia sorella avevamo guardato in su, aspettandoci l'apparizione terrificante di un orso, o di un branco di lupi. Invece tra i corbezzoli bassi e i cespugli di timo e lentisco era sbucato un cane piuttosto piccolo, di aspetto tutt'altro che minaccioso. Ci era passato oltre senza guardarci, forse diretto al mare, e per la prima volta avevo avuto la consapevolezza di come mio padre non fosse invulnerabile. Lui aveva già ripreso la marcia con il suo piglio combattivo, senza offrirci spiegazioni; io e mia sorella avevamo continuato a seguirlo, fino alla strada militare che correva in alto sopra la costa.

Forse al fondo delle continue dimostrazioni di forza di carattere e prestanza fisica da parte di mio padre c'era la fragilità di un bambino privato della madre e cresciuto lontano dal padre, che aveva dovuto costruirsi da solo i propri rapporti con il mondo, senza modelli pronti a cui rifarsi. Certo non ne aveva poi offerti a me, suo figlio.

In ogni caso adesso so che a sette anni lui si era imbarcato insieme alla zia Anita su una nave diretta a Tunisi, dove li aspettava il patriarca Vincenzo De Carlo, con i suoi grandi occhi azzurri resi ancora più grandi dalle lenti degli occhiali.

I miei bisnonni paterni non erano certo stati i primi siciliani a emigrare in Tunisia

I miei bisnonni paterni non erano certo stati i primi siciliani a emigrare in Tunisia. La distanza tra il porto di Palermo e quello di Tunisi è di sole 231 miglia nautiche, il che spiega la reciproca attrazione tra le due sponde del Mediterraneo, il va e vieni nei secoli.

Ma è nell'Ottocento che era iniziato il flusso più consistente. Anche Giuseppe Garibaldi nel 1834 era arrivato a Tunisi sotto il falso nome di Joseph Pane, dopo essere stato condannato a morte a Genova come "bandito di primo catalogo" in seguito a un'insurrezione fallita. Aveva trovato rifugio nella rimessa del palazzo di un ricco esportatore genovese di olio e grano insieme ad altri profughi, e pare che si fosse innamorato di una giovanissima italiana di nome Francesca. Dopo qualche mese se ne era tornato a Marsiglia su una nave da guerra tunisina, e da lì era andato a Rio de Janeiro.

Tunisi a quei tempi era già una città cosmopolita, abitata da mercanti livornesi e francesi, schiavi affrancati che avevano scelto di restare invece di tornare ai loro paesi d'origine, e rifugiati politici massoni, carbonari, mazziniani, garibaldini, anarchici, liberali. Doveva anche essere una bella città, con i suoi edifici bianco calce abbaglianti sotto il sole, tra il lago Bahira dal lato del mare e il lago Sedjoumi verso i monti. Era divisa in due parti, quella alta ordinata e tranquilla abitata da ricchi musulmani, perlopiù funzionari del Bey, e quella bassa rumorosa e vibrante, dove stavano i commercianti e i cristiani. Le vie tortuose non avevano nomi e le case non avevano numeri civici. La borghesia europea viveva nel cosiddetto Quartiere Franco, intorno alla Porta del Mare, ai piedi del *suk*. Sulla piazza si ritrovavano i mercanti e gli agenti di cambio, e vociavano i lustrascarpe maltesi, i mendicanti arabi. Un archeologo francese dell'epoca racconta "Qui si vendono piccoli mandarini o piccoli limoni al grido: *khamsa karuba!* Cinque per un soldo! Accanto vi è un cacciatore di ricci che mette in mostra la sua selvaggina in gabbie di legno. Ecco il venditore di mazzolini di fiori, che confeziona capolavori con fili di sparto, piccoli frutti, foglie colorate, mazzetti di gelsomino e fiori profumati di ogni genere..."

Un altro testimone francese dell'epoca dice che "Al teatro Tapia alcuni attori italiani danno degli spettacoli a volte burleschi, ma comunque molto seguiti ed apprezzati..." Un altro: "Vi sono a Tunisi alcune giovani signore che, per la loro ricchezza, la loro bellezza e intelligenza, si farebbero notare in tutti i paesi del mondo [...] Fra gli uomini, si trovano a volte persone notevoli, e sempre comunque personalità originali, ardite e indipendenti." Un altro ancora: "Un'atmosfera di spensieratezza, di pigrizia voluttuosa, avvolge sotto un cielo limpido la popolazione tunisina composta degli elementi più disparati: un misto di venti nazioni, di gente venuta da tutti gli orizzonti ma stabilita in quel luogo da tanti anni che ha finito col creare, grazie all'influenza del clima, un popolo armonioso, indolente, sognatore e pacifico..."

Il numero degli italiani che partivano dall'Italia per la Tunisia era diventato ancora più consistente dopo l'Unità d'Italia, e i siciliani ne costituivano la grande maggioranza. All'inizio erano soprattutto contadini poveri e braccianti spinti dalla crisi agraria del 1880, e manovali, minatori, pescatori, artigiani. Il viaggio per mare era breve e costava solo una frazione rispetto a quello per le Americhe. Andare da Palermo a Tunisi su una bilancella, una barca a vela di una decina di metri, costava cinque lire; la traversata durava sei ore. Il lavoro manuale in Tunisia veniva pagato meglio che in Italia, e mentre in Sicilia un contadino non poteva aspirare nemmeno a una minuscola porzione delle proprietà dei grandi latifondisti, in Tunisia un contratto d'affitto gli permetteva dopo sedici anni di diventare piccolo proprietario terriero. Con il trattato della Goletta la Tunisia riconosceva all'Italia lo stato di "nazione più favorita", e questo incoraggiava ancora di più gli scambi commerciali e l'immigrazione. Dopo i siciliani poveri erano arrivati i commercianti e i piccoli imprenditori, gli avvocati, i medici, i militari, tutti in cerca di migliori prospettive di vita. Alcuni di loro avevano capitali consistenti da investire, e compravano centinaia di ettari di terreni coltivabili su cui si insediavano intere famiglie di agricoltori e braccianti, che a loro volta ne richiamavano altri.

Nel giro di pochi decenni gli italiani erano diventati la maggioranza degli stranieri a Tunisi. Nel 1920 tutti i terreni di migliore qualità intorno alla città erano occupati da siciliani: settemila ettari fino al confine algerino, ottomila sul territorio di Zaghouan, altri settemila intorno al golfo di Hammamet. Gli immigrati avevano fondato una Camera di commercio, la Banca Siciliana, la Società Dante Alighieri, un quotidiano, e costruito teatri, cinema, scuole, librerie, l'ospedale Garibaldi, un orfanotrofio. Erano stati loro a realizzare la rete di infrastrutture volute dai francesi, e a creare le prime industrie intorno a Tunisi, Sfax, Mahdia, Monastir e altre città. Da venticinquemila che erano nel 1870, erano diventati quasi novantamila nel 1926, senza contare i clandestini.

Però c'erano appunto i francesi, che dopo aver trasformato l'Algeria in una colonia avevano stabilito in Tunisia un protettorato nel 1881. E non erano certo contenti che gli italiani fossero otto volte più numerosi di loro, così tanti da far parlare a qualcuno di "una colonia italiana amministrata da funzionari francesi". Per questo tra la fine dell'Ottocento e gli inizi del Novecento avevano iniziato a vedere gli italiani come nemici del protettorato, e a incolparli per ogni rivolta o disordine sociale. La stampa francese dipingeva i siciliani in particolare come "popolo rozzo, selvaggio e irascibile, pericoloso, violento e spesso dedito alla malavita, facile di coltello, sovente senza documenti e sotto falso nome".

Per risolvere la cosiddetta questione italiana era stato vietato l'esercizio delle professioni liberali a chi non fosse in possesso di un diploma francese. Il che aveva spinto una parte della comunità italiana a simpatizzare per il fascismo, con le sue promesse di difendere strenuamente il prestigio e gli interessi dell'Italia, nel sogno di un impero coloniale da costruire con le aggressioni concatenate a Eritrea, Somalia, Libia ed Etiopia. Per fortuna molti degli italiani in Tunisia continuavano a coltivare lo spirito di indipendenza intellettuale dei loro connazionali arrivati sulle stesse sponde un secolo prima, e le posizioni critiche nei confronti del regime di Mussolini erano alimentate dall'arrivo di esuli antifascisti.

È in questa situazione complicata e interessante che la zia Anita e il piccolo Giancarlo erano sbarcati a Tunisi, per stabilirsi a casa del loro padre e nonno, e mio futuro bisnonno. Immagino che fosse una casa abbastanza confortevole, perché Vincenzo De Carlo era riuscito a farsi una buona posizione come supervisore ferroviario presso la Compagnie fermière des chemins de fer tunisiens.

Il salto culturale dall'Italia al Maghreb doveva essere forte

Il salto culturale dall'Italia al Maghreb doveva essere forte, anche se forse un po' meno per una famiglia di origini siciliane. I conterranei erano così numerosi da costituire un tessuto sociale in cui non era poi tanto difficile inserirsi; e gli arabi erano stati in Sicilia per due secoli buoni, dopo averla strappata ai bizantini e prima di essere cacciati dai normanni. Avevano lasciato la loro impronta nell'architettura, nell'astronomia, nella matematica, nella cucina, nelle tecniche di coltivazione e di pesca, nella lingua, nella musica. Erano stati loro a importare la coltura degli aranci e dei limoni, delle mandorle, dei pistacchi, della canna da zucchero, dei fichi d'India, dello zafferano, dell'anice, del gelsomino. Avevano introdotto la pasta di mandorle, la cassata, la granita, il riso allo zafferano (ma la panatura fritta delle arancine l'avevano inventata più tardi i normanni, per portarsi il riso nelle bisacce durante le battute di caccia). E la tecnica del *macramé*, il pizzo creato intrecciando e annodando fili con le dita. Avevano anche fatto diventare Palermo, che in arabo si chiamava *Balarm*, una delle metropoli più importanti del mondo mediterraneo.

È probabile che questo retroterra facesse apparire Tunisi meno aliena ai miei futuri bisnonni siciliani e ai loro figli nati lì, ma al mio futuro padre Giancarlo, che era nato a Genova e cresciuto a Livorno senza avere mai messo piede in Sicilia, doveva sembrare un luogo estremamente esotico. Mi immagino le sue sensazioni mentre segue la zia attraverso un mercato arabo traboccante di colori, odori, suoni; o mentre si avventura per conto suo fuori dalla "piccola Sicilia", tra gli sguardi scuri e diffidenti dei locali.

Anche dei suoi anni tunisini mio padre mi ha raccontato ben poco

Anche dei suoi anni tunisini mio padre mi ha raccontato ben poco, a parte qualche episodio staccato dal contesto. In uno di questi suo nonno Vincenzo, esasperato da qualche capriccio o impuntatura, gli ordina di seguirlo nella sua stanza dalle persiane accostate, apre nella penombra un armadio, tira fuori un panno arrotolato. Lo srotola a scoprire un lungo nerbo di bue, glielo accosta al naso e dice "Usma". Il mio futuro padre annusa, intimorito: l'odore è acre, affumicato, pungente. Nella mezza luce suo nonno riavvolge nel panno il nerbo di bue, lo rimette a posto nell'armadio ed esce, sicuro che l'ammonimento abbia avuto effetto.

In un altro frammento il giovane Giancarlo è ancora insieme a suo nonno, su un treno che da Tunisi corre verso i confini con l'Algeria. Vincenzo ha il compito di controllare la linea che a tratti attraversa un territorio semidesertico di terre rossastre, rocce, cespugli bassi. Gli eventuali guasti vanno segnalati tempestivamente, in modo che le riparazioni permettano di continuare senza intralci il trasporto di materie prime e persone su quelle grandi distanze. Dai finestrini aperti entra aria rovente, insieme allo sferragliare dei vagoni sulle rotaie. Fuori ogni tanto si vede un gregge di capre, un pastore fermo a osservare il mostro meccanico in corsa attraverso il suo territorio. Più oltre passano all'orizzonte tre gazzelle; più in là ancora un piccolo branco di sciacalli. Vincenzo per sottolineare che non si tratta di un territorio amichevole spiega al nipote che là fuori ci sono anche serpenti velenosi come il cobra e la vipera cornuta, e alcune specie di scorpioni micidiali. Il mio futuro padre in punta di piedi si affaccia al finestrino aperto; il vento torrido gli passa tra i capelli, gli fa lacrimare gli occhi.

In un ultimo frammento il giovane Giancarlo è sul ponte di una nave che da Tunisi lo porta in Libano, l'unico bambino a bordo, affidato alla responsabilità del capitano contattato da suo padre a Genova. La ragione del viaggio è che la zia Anita sta per sposarsi; ai tempi è già miracoloso che il futuro marito abbia accettato la sua condizione di mamma adottiva, ma i due sposi non possono certo andarsene in viaggio di nozze con al seguito un bambino non loro. Ad aspettare il mio futuro padre a Beirut c'è lo zio Antonio, dongiovanni, amante della bella vita e giocatore d'azzardo dal carattere notoriamente infiammabile. Il Libano a quei tempi è un paese bellissimo, prospero al punto di essere chiamato la Svizzera del Medio Oriente. Deve essere strana la convivenza tra zio e nipote, anche se probabilmente dura solo qualche mese, prima che il bambino venga riaffidato a un altro capitano per la traversata di ritorno verso la Tunisia.

Per il giovane Giancarlo ritrovare la zia Anita ormai sposata e trasferita in casa del marito deve essere stato un nuovo trauma, la seconda volta in cui veniva derubato di una figura materna. Nei rari accenni che lui me ne aveva fatto a grande distanza di tempo, il marito della zia era un uomo senza qualità, che si era permesso di intromettersi nella sua vita. La nascita di Baku deve avere aggravato ancora il senso di tradimento, e per la povera zia Anita deve essere stato ben difficile destreggiarsi tra un neonato, un bambino geloso e un marito quanto meno perplesso.

Per fortuna i nonni De Carlo erano lì, insieme a un'intera comunità di italiani, in gran parte siciliani, che continuava a crescere e a organizzarsi, malgrado gli sforzi dei francesi per contenerla. Anche mio padre cresceva, e mentre passava dalla scuola media al liceo allargava il raggio delle sue curiosità e dei suoi interessi. Me lo immagino adolescente che si aggira tra i mosaici bizantini nel museo del Bardo; sulla collina di Byrsa; tra le rovine di Cartagine; tra le colonne della città romana di Dougga.

Degli anni al liceo francese di Tunisi non mi ha raccontato quasi niente, se non che in quel periodo aveva cominciato a leggere Stendhal, e che *Il rosso e il nero*, *La certosa di Parma*, *Lucien Leuwen* avevano contribuito fortemente alla sua formazione sentimentale, morale e intellettuale.

Nel 1929 c'è stato il crollo della borsa di New York, e la Grande depressione si è diffusa nel mondo, distruggendo patrimoni, spazzando via risparmi e posti di lavoro, buttando sulla strada milioni di persone. È probabile che in Tunisia le ripercussioni fossero attutite dalle distanze, e dalla natura di un'economia semicoloniale; e comunque la mente di un ragazzo come il mio futuro padre era sicuramente occupata da preoccupazioni di tutt'altro genere.

Sapevo che dopo aver finito il liceo francese era tornato in Italia, per iscriversi all'accademia navale di Livorno secondo i desideri di suo padre. Ma non sapevo che si era trattato di una partenza repentina, a causa del suo innamoramento per una cugina più grande di lui, e alla conseguente decisione dei De Carlo di spedirlo via il prima possibile. Me l'ha rivelato mia sorella solo pochi mesi fa, ma nemmeno lei ha idea di quanto fosse durata quella storia, prima che il clan familiare intervenisse a stroncarla. Mi ha anche inoltrato una foto che ritrae una giovane donna, seduta sui gradini di un edificio neoclassico dalle grandi colonne. Ha un sorriso luminoso, bei lineamenti armoniosi, sensibili, aperti. Pare che fosse stata lei a trasmettere al giovane Giancarlo la passione per la letteratura, l'arte figurativa e la musica, oltre che per la natura femminile in tutte le sue manifestazioni.

1919 più 18 fa 1937

1919 più 18 fa 1937: l'anno in cui il mio futuro padre è diventato maggiorenne, l'anno in cui è tornato in Italia dalla Tunisia, l'anno in cui l'avvocato di Doralice gli ha scritto per dirgli che lei lo voleva incontrare. Un anno prima che la squadra nazionale italiana vincesse i mondiali di calcio, Mussolini firmasse le leggi razziali modellate su quelle di Hitler, l'Italia invadesse l'Albania per farne un protettorato e subito dopo firmasse il Patto d'acciaio con la Germania.

Quella lettera dell'avvocato, la materializzazione di una madre che fino allora aveva pensato morta, deve avere avuto su Giancarlo diciottenne un impatto violento. Quando decenni più tardi aveva detto a me e a mia sorella di aver respinto senza esitazioni l'idea di incontrarla, la sua reazione mi era sembrata implacabile e infantile al tempo stesso. Mi ero chiesto come potesse non avere avuto la curiosità di vederla in faccia almeno una volta, sentire la sua voce, capire chi fosse davvero, ascoltare la sua versione dei fatti.

Ma appunto, quali erano i fatti? Doralice era stata così frivola e incurante da abbandonare un figlio piccolo, e dimenticarsene mentre lui cresceva in un'altra città e poi in un altro continente? O forse era stata obbligata a non farsi viva, sotto qualche ricatto da parte del clan siciliano del marito? Aveva avuto paura che uno dei suoi fratelli dopo la coltellata al viso di Carlo venisse denunciato per tentato omicidio? Aveva sofferto per sedici lunghi anni, in attesa che suo figlio diventasse legalmente maggiorenne? Gli aveva scritto lettere, mandato messaggi a Natale e al compleanno, intercettati e distrutti da zia Anita o dai nonni? Si era rivolta a un investigatore privato, per ottenere informazioni sulla vita di suo figlio che nessuno voleva darle? E quando finalmente aveva deciso di stabilire un contatto tramite l'avvocato, e suo figlio aveva risposto di non volerne sapere di lei, come aveva reagito? Si era disperata? Aveva fatto tentativi di approccio meno formali? O aveva lasciato perdere ed era tornata alla sua vita, almeno in parte sollevata all'idea di non dover costruire da zero un rapporto che non c'era mai stato?

Comunque sia andata, in quel periodo il mio futuro padre aveva il cuore spezzato per la separazione forzata da un'altra donna, la cugina di secondo grado della quale si era innamorato. Mi immagino il giovane apolide intriso di letture stendhaliane in piedi sul ponte della nave che lo riporta in Italia, mentre guarda la costa tunisina allontanarsi.

Una controemigrazione non voluta, verso un paese che aveva conosciuto solo da bambino, in cui Benito Mussolini è al potere da quando lui aveva tre anni. Al suo ritorno è all'apice dell'esaltazione fascista, con trentamila civili massacrati in soli tre giorni in Etiopia dopo un attentato al viceré Graziani, migliaia di oppositori italiani in prigione o al confino sulle isole, i fratelli Rosselli uccisi da sicari in Francia, i giornali silenziati o asserviti, le adunate oceaniche davanti al balcone di piazza

Venezia, le fanfaronate in divisa amplificate da radio e cinegiornali, la retorica bellicista accompagnata da coreografie circensi, l'autarchia rivendicata con stupida arroganza. L'Italia è impregnata come non mai di provincialismo, violenza e vigliaccheria, e deve apparire allucinante agli occhi di un giovane cresciuto in un ambiente cosmopolita attraversato da correnti critiche.

Anche il passaggio dalla luce, dai colori, dai suoni e dagli odori di Tunisi al relativo grigiore di Livorno deve essere stato sconcertante, e a quel tempo le comunicazioni erano lente, le distanze difficili da colmare. Però una mente attiva e irrequieta trova alimento ovunque si trovi, e forse anche l'accademia navale aveva offerto al mio futuro padre spunti interessanti, almeno agli inizi.

Tanto per cambiare, di quel periodo non so quasi niente, a parte qualche aneddoto riguardo le regole implacabili a cui gli allievi ufficiali erano sottoposti, il senso dell'onore che veniva instillato in loro, le punizioni che costringevano gli aspiranti ufficiali a salire fino in cima all'albero di maestra, scendere e poi ricominciare da capo la scalata. Non dubito che il mio futuro padre provasse avversione per quell'ambiente, eppure un certo spirito militare era diventato parte della sua personalità, malgrado tutto.

Nel giugno del 1940 Mussolini aveva dichiarato guerra a Francia e Gran Bretagna, e l'Italia era entrata insieme alla Germania in una spirale che l'avrebbe portata alla rovina. Il giovane Giancarlo nel frattempo aveva scoperto che la carriera militare non faceva per lui e si era iscritto alla facoltà di Ingegneria a Milano, ma presto l'entrata in guerra lo aveva costretto a tornare a Livorno. Il percorso degli allievi ufficiali di Marina era stato accelerato per farli passare al più presto dalla nave scuola alle navi vere, nel Mediterraneo che secondo le intenzioni malriposte di Mussolini avrebbe dovuto diventare un incontrastato dominio italiano.

Così tre anni dopo essere stato separato a forza dalla sua amata cugina, e tre anni dopo aver risposto all'avvocato di Doralice che non aveva la minima intenzione di incontrarla, Giancarlo ormai ventunenne si era imbarcato su una nave scorta sommergibili, sulla rotta per Creta. Pare che il suo capitano fosse un ottimo comandante ma soffrisse il mal di mare, e vomitasse al primo montare di onde.

Dopo aver partecipato alla battaglia navale di Capo Matapan, e dopo l'armistizio dell'8 settembre 1943, il mio futuro padre era tornato a Milano ed era entrato in clandestinità, insieme a un gruppo di resistenti di cui facevano parte altri futuri architetti.

Mia madre mi ha raccontato di essersi innamorata di lui dopo un bombardamento, quando lo aveva visto scavalcare i vetri rotti del suo portone d'ingresso, elegante nella divisa bianca da tenente di Marina, con in mano un fascio di volantini antifascisti. Lei era sposata con un altro, anche lui un oppositore del regime che oltretutto in quel momento era in galera. È facile immaginare come quell'innamoramento illecito non avesse incontrato molta approvazione da parte delle rispettive famiglie, o degli altri resistenti. Posso figurarmi l'effetto su Carlo De Carlo nel momento in cui ne era venuto a conoscenza: deve essergli sembrata una replica di quando aveva perso la testa per la donna cilena che gli aveva devastato la vita.

La madre di mia madre invece era davvero morta quando lei era piccola

La madre di mia madre invece era davvero morta quando lei era piccola, e questo l'aveva convinta che fosse successo per complicanze del parto, e le aveva instillato un inestinguibile senso di colpa. Può darsi che fosse andata davvero così, visto che le sue due sorelle avevano vent'anni più di lei e dunque si era trattato di una gravidanza tardiva. Suo padre, il mio futuro bisnonno materno, era di Alba e faceva l'amministratore di una tenuta agricola a Villarboit, nel vercellese. Era soprannominato "il maresciallo elettrico" per la sua irrequietezza, e da vedovo non poteva certo occuparsi di una bambina; una situazione quasi simmetrica a quella del padre di mio padre. Così l'aveva affidata alle figlie più grandi, che vivevano a Milano.

La maggiore delle due si chiamava Livia, una donna estremamente austera, sposata con un imprenditore scombinato che aveva messo su una fabbrica di caramelle dal nome Las Golosinas. L'impresa era fallita nel giro di pochi anni, e la zia per non farsi travolgere dai debiti si era separata e aveva trasformato il suo appartamento in un pensionato per studentesse. Aveva un figlio della stessa età di mia madre, così lei si era trovata a crescere con un semifratello che era in effetti suo nipote. Anche qui c'è una simmetria con il semifratello di mio padre, che era in effetti suo cugino.

A Villarboit la mia futura madre tornava solo d'estate: di quelle vacanze in campagna mi ha raccontato una battaglia con alcune oche molto aggressive nella corte della cascina, la pesca delle rane nelle risaie, i caldi pomeriggi di noia estenuante. E l'arrivo delle mondine, che con i loro calzoni corti, la loro relativa libertà e i loro cori portavano a un diapason di eccitazione tutti i maschi della zona.

Il padre di mia madre andava molto di rado a trovare le figlie a Milano, e anche in quelle rare occasioni non riusciva a trattenere la sua impazienza proverbiale. Una volta era stato a mangiare da loro, e appena finito aveva guardato l'orologio da taschino e annunciato tra la delusione generale di dover correre via per un appuntamento. Un'ora più tardi mia madre era uscita insieme al suo semifratello, e aveva visto il maresciallo elettrico seduto su una panchina nel giardino pubblico vicino a casa, assorto nella lettura di un giornale.

Gli studi di mia madre erano stati brevi, forse anche perché durante una lezione aveva incendiato un quaderno sotto il banco, il che aveva provocato la sua cacciata dalla scuola media. Però era una delle persone più intellettualmente sofisticate che io abbia conosciuto, capace di pensieri originali come solo gli autodidatti sanno essere, fuori dalle gabbie dell'istruzione formale. La sua era una cultura raffinata e ultraselettiva che le aveva fatto conoscere gli scrittori, i poeti, i pittori, i musicisti più interessanti e spesso meno conosciuti. Aveva imparato l'inglese da sola dopo la guerra ed era diventata traduttrice; il suo senso estetico la portava verso l'essenziale, la sua capacità di giudizio era talmente affilata da farla spesso diventare inesorabile.

L'altra sorella di mia madre si chiamava Anita; da bambino mi confondeva molto che avesse lo stesso nome della quasi madre di mio padre. Per distinguerla la chiamavo Nita, una differenza sottile ma per me significativa. Era una bella donna dai grandi occhi azzurri e i lineamenti morbidi; amavo molto i suoi modi di fare, il suo profumo caldo e avvolgente. Qualche volta mi aveva portato al cinema: avevo visto con lei *La conquista del West* in cinerama, su uno schermo troppo largo per il mio campo visivo, e *Lawrence d'Arabia* in un'enorme sala a gradinate, così piena di gente emotivamente partecipe da sembrare un circo romano durante i giochi dei gladiatori.

I rapporti di mio padre con le sorelle di mia madre erano pessimi, in parte perché erano tutte e due politicamente conservatrici, ma soprattutto perché avevano osteggiato la sua irruzione nella vita della sorella minore. In particolare non sopportava Livia, per la sua rigidità calvinista di cui ogni tanto vedeva qualche riflesso in mia madre. Più di una volta gli avevo sentito dire "Giuliana, per favore non assumere atteggiamenti livieschi!"

La sua avversione si era manifestata in alcuni episodi di natura inconscia, come quando la zia Livia gli aveva chiesto di ospitare per qualche giorno a casa nostra una dozzina di cocorite verdi, gialle e azzurre alle quali era enormemente affezionata. Mio padre dopo aver ritirato malvolentieri la grande gabbia se l'era dimenticata nella macchina parcheggiata sotto il sole di luglio, e a sera le cocorite erano state ritrovate morte e mezze arrostite, con il risultato di scavare tra lui e la zia Livia un solco ancora più profondo.

A un certo punto della mia infanzia le due zie se ne erano andate in Sudafrica, dove viveva il figlio di Livia, il semifratello di mia madre. Durante la seconda guerra mondiale era stato fatto prigioniero dagli inglesi e internato per alcuni anni nel campo di Zonderwater, vicino a Cullinan. Quando alla fine della guerra era tornato in Italia, aveva scoperto di soffrire del cosiddetto "mal d'Africa": un bisogno di spazi aperti, grandi cieli, luce e colori che gli provocava una vera intolleranza per la monocromia fredda e nebbiosa di Milano. Così aveva deciso di tornare in Sudafrica e stabilirsi a Strand, un sobborgo costiero a una cinquantina di chilometri da Cape Town. Alla sua emigrazione si era aggiunta vent'anni dopo quella delle due zie, poco meno avventurosa di quelle dei Migliar verso il Cile, o dei De Carlo verso la Tunisia. Anche per Livia e Nita, che a quel punto erano due anziane signore, il cambiamento deve essere stato sconvolgente. Mi ricordo una lettera della zia Nita in cui descriveva una tempesta durante la traversata per nave, con onde alte come palazzi di sei piani.

Da Strand mi mandava cartoline con foto di zebre, babbuini, leoni e giraffe, e ogni tanto regali esotici e suggestivi come il *pemmican*, una striscia brunastra di carne di gazzella seccata al sole, così dura da mettere alla prova i miei denti. O uno stupefacente uovo di struzzo, arrivato intero solo alla terza spedizione, dopo che l'apertura dei primi due pacchi mi aveva riservato frammenti di quella che sembrava porcellana. L'avevo messo in una ciotola su una mensola della mia stanza, e ogni volta che lo guardavo mi ricordava come l'emigrazione delle zie verso la punta estrema dell'Africa avesse reso la nostra famiglia ancora più insulare di prima.

Nel 1944 i miei futuri genitori hanno organizzato una rapina alle Poste Centrali di Milano

Nel 1944 i miei futuri genitori hanno organizzato una rapina alle Poste Centrali di Milano, insieme ad altri membri del loro piccolo gruppo antifascista. L'edificio è ancora lì in piazza Cordusio, concavo e monumentale. Era nato come sede della Borsa, e adesso al pianterreno c'è uno Starbucks; quando mi capita di passarci davanti a volte penso alla storia della rapina.

In quel periodo tetro e violentissimo Giancarlo e Giuliana cambiavano quasi ogni notte il posto dove dormire, per ridurre le probabilità di venire arrestati. Erano giovani idealisti e sognatori, impegnati insieme ai loro amici a immaginare un'Italia diversa, e intenti a leggere, discutere, progettare furiosamente tutto il tempo. Leggevano Proudhon, leggevano Kropotkin, leggevano Bakunin; essere libertari invece che comunisti li rendeva una minoranza nella minoranza, in un paese ancora largamente fascista. È probabile che la loro concezione del mondo fosse abbastanza astratta, come succede a quell'età; i loro nemici però erano molto reali, e altrettanto lo erano i rischi che correvano ogni giorno. Il paese era in preda a una guerra civile, e i nazisti che cominciavano a perdere su tutti i fronti avevano trascinato fino alla barbarie più nera gli italiani che stavano dalla loro parte. C'erano spie e delatori dappertutto; per i partigiani che non stavano sulle montagne era difficile muoversi nelle città senza rischiare di incappare in una retata e finire malissimo. Gli amici meno accorti dei miei, o semplicemente più sfortunati, venivano arrestati, imprigionati, torturati, fucilati o spediti a crepare nei campi di concentramento.

Naturalmente per dei ventenni pieni di idee in fermento c'era anche una dimensione avventurosa, che spesso sconfinava nell'incoscienza. I piani più romanzeschi si traducevano in azioni, senza passare attraverso la minima verifica realistica. Alcuni incredibilmente avevano successo, tipo quella volta che il mio futuro padre e un suo compagno si erano presentati davanti a una caserma subito dopo l'Armistizio, entrambi con la mano destra in tasca che stringeva una pipa come se fosse una pistola. Avevano ordinato al comandante di rilasciare subito in licenza illimitata tutti i soldati, e il comandante nella confusione del momento e nella mancanza di istruzioni dai vertici aveva obbedito.

Un'altra volta due carabinieri erano andati ad arrestare il mio futuro padre, e quando lo avevano già scortato fino al pianterreno lui aveva chiesto di tornare su a prendere almeno lo spazzolino da denti. I carabinieri incredibilmente avevano accettato, e mentre la mia futura madre li distraeva con pianti disperati il mio futuro padre era salito all'ultimo piano, si era lanciato da una finestra sul tetto confinante, da lì si era calato lungo una grondaia, era entrato in un appartamento attraverso una finestra aperta, tra le urla di una signora si era precipitato giù per le scale, era sbucato in un'altra strada ed era corso via come un pazzo.

Alcune azioni mal progettate si erano tradotte in scene comiche che avrebbero potuto in un soffio diventare tragiche, come quando i miei futuri genitori e alcuni loro sodali avevano segato un palo del telefono per sabotare la linea, e avevano scoperto che restava appeso in aria dai fili attaccati agli altri pali. O quando si erano appostati con una mitragliatrice sopra la strada in cui doveva passare un convoglio tedesco, pochi minuti prima del suo arrivo avevano provato a tirare alcuni colpi a vuoto e si erano accorti che la mitragliatrice non funzionava, era solo un ferrovecchio.

Il piano della rapina alle Poste prevedeva di entrare, tirare fuori una pistola, annunciare il colpo, legare gli impiegati, lasciarne libero uno per farsi dare i soldi, infilare i soldi in una valigia e scappare. Tutto questo nel cuore di Milano, in un periodo in cui l'allarme del regime era al massimo e i controlli polizieschi a livello di paranoia. Così un tardo mattino i miei futuri genitori e tre loro compagni avevano raggiunto il grande palazzo concavo, a trecento metri da piazza del Duomo. La mia futura madre e un'altra donna erano rimaste fuori a fare da pali e il mio futuro padre e altri due uomini erano entrati, lui con una valigia che ne conteneva un'altra più piccola, in cui c'erano la pistola per minacciare gli impiegati e le corde per legarli. Ma appena dentro erano stati intercettati da alcuni militi in uniforme grigia, con mitra a tracolla e pistole alla cintura; uno di loro aveva bloccato Giancarlo e gli aveva chiesto "Cosa c'è in quella valigia?" Giancarlo senza quasi pensarci aveva risposto "Un'altra valigia". Dopo un'esitazione di un paio di secondi, che tra le altre fatali conseguenze avrebbe potuto preludere alla cancellazione del loro presente e del mio futuro, il milite aveva fatto cenno di andare pure avanti. I tre sventati idealisti libertari si erano aggirati per qualche minuto tra le persone in attesa ed erano tornati fuori nella piazza, immagino con immenso sollievo loro e della mia futura madre e dell'altra donna che li stavano aspettando con il cuore in gola.

È solo per dare un'idea dei pericoli estremi, delle tensioni condivise e delle lealtà indiscusse dietro alla complicità inscalfibile con cui più tardi i miei genitori avrebbero nascosto a me e a mia sorella l'esistenza della nostra nonna cilena.

Da bambino mi rendevo conto che la mia famiglia era anomala

Da bambino mi rendevo conto che la mia famiglia era anomala, ma né mio padre né mia madre si sognavano di spiegarne le ragioni a me o a mia sorella. Posso capire che preferissero omettere di non essere sposati, una condizione non comune né socialmente accettata nell'Italia degli anni cinquanta. Però non ci hanno nemmeno mai detto perché fossero così riluttanti a frequentare i pochi parenti disponibili, a cominciare dal nonno Carlo. O perché non avessimo un televisore in casa, il che ci faceva sentire degli esclusi e rendeva quasi incomprensibili i discorsi dei nostri compagni di scuola sul giro d'Italia, il festival di Sanremo, le pubblicità e i programmi per bambini che non avevamo mai visto. O perché ci dovessimo vestire da poveri, visto che nostro padre aveva un lavoro rispettabile e lo praticava con successo. O perché dovessimo mangiare cibi punitivi, minestroni amari, fettine di fegato cucinate e presentate in modo sbrigativo. È certo che le privazioni della guerra avessero lasciato il segno, e che nostra madre fosse troppo intelligente e artisticamente dotata per riconoscersi nel ruolo di donna di casa. Però la sua sobrietà naturale e i suoi principi spartani erano accentuati dall'intransigenza morale, e come conseguenza noi figli non ci sentivamo mai molto a nostro agio nei nostri rapporti con il mondo.

Per citare un episodio a titolo di esempio: quando ho cominciato la prima elementare i miei genitori mi hanno comunicato che sarei stato esonerato dalle lezioni di religione, senza nemmeno provare a darmi una vaga idea di cosa fosse la religione, o del perché loro non ci credessero. Esonerarmi era un puro dato di fatto, e mi veniva presentato senza il minimo libretto di istruzioni.

Così il primo giorno di scuola la maestra mi aveva chiamato alla cattedra e mi aveva chiesto "Ma tu non sei cattolico?" Non capivo il significato della domanda, però intuivo che contenesse un sospetto o addirittura un'accusa latente, così avevo risposto "No, sono italiano". La maestra deve averla interpretata come una precoce, sorprendente rivendicazione del principio di separazione tra stato e chiesa, perché avevo visto un'ombra di imbarazzo passarle nello sguardo. Subito dopo mi aveva rispedito al banco; ricordo di avere provato sollievo per essermi tirato fuori da una situazione difficile, e perplessità su come esattamente ci fossi riuscito.

A ripensarci adesso, è probabile che la mia passione precoce per la lettura sia stata alimentata dal senso di sconnessione sociale e culturale che provavo, come membro senza potere decisionale di una famiglia anomala. Non è un caso che prima di passare a Stevenson, Verne e Dumas e da lì inoltrarmi in letture più complicate avessi trovato rasserenanti le storie a fumetti di Topolino e Paperino, in cui Walt Disney con un'intuizione geniale aveva creato un mondo parallelo popolato esclusivamente da zii, nipoti e pronipoti, senza padri né madri né figli. Né nonni.

Lo zio Sarino aveva una sciabola

Lo zio Sarino aveva una sciabola, che teneva in una piccola serra sulla terrazza del suo appartamento, all'ultimo piano di un edificio della vecchia Milano. Non era mai stata un complemento della sua divisa da capitano di corvetta, né era un oggetto di ammirevole fattura. Lo zio l'aveva semplicemente trovata in un mercatino, ed era riuscito a portarsela a casa per una cifra irrisoria. L'assoluta inutilità della sciabola, e il fatto che fosse entrata nella vita dello zio solo in virtù di quella supposta convenienza, l'aveva resa proverbiale agli occhi di mia madre. Ogni volta che qualcuno contemplava o decantava l'acquisto di un bene non particolarmente desiderabile solo perché costava poco, lei diceva "È una tipica sciabola di zio Sarino!" Ancora oggi mi capita di trovarlo un paradigma utile.

Lo zio Sarino era una versione più ottimista ed esuberante del nonno Carlo. Più in carne, più sorridente, con una voce più sonora. Benché avesse passato la sua vita a Milano, conservava un attaccamento molto siciliano alla famiglia, e sarebbe stato felice di vederci più spesso, se solo mia madre non avesse fatto una opposizione accanita. Sì, due o tre volte aveva accettato i suoi inviti a Natale, ma per la stretta durata del pranzo. Mi ricordo la festosità dello zio e della zia al nostro arrivo, il loro entusiasmo a vederci tutti seduti intorno alla tavola imbandita, nella sala da pranzo dove gli specchi alle pareti moltiplicavano le nostre immagini. Ricordo altrettanto bene la loro delusione venata di perplessità, quando appena finito il dolce ce ne andavamo via come ladri. Nemmeno io e mia sorella riuscivamo a capire l'irrequietezza di nostra madre, l'insofferenza dietro a quelle brusche partenze. Invece non ci chiedevamo mai perché il nonno Carlo non partecipasse a quei rarissimi ritrovi familiari: era un altro dato di fatto che nessuno si era mai sognato di spiegarci.

Comunque non riuscirei a immaginare il nonno Carlo allegro e festoso insieme a noi: gli scambi di gesti d'affetto, il calore, l'espansione, il senso di appartenenza e radicamento. Tutte le sue foto rivelano una profonda malinconia, un estremo riserbo. O forse le sue espressioni sono puramente riflessive, ed è quello che so a velarle di tristezza; un'altra dimostrazione di come ogni storia si legga dalla fine verso l'inizio.

Mia madre aveva un carattere estremamente instabile

Mia madre aveva un carattere estremamente instabile, che la faceva passare da uno stato di calma apparente a uno di esasperazione quasi senza preavviso. A volte reagiva malissimo alla minima richiesta di attenzione da parte di noi figli; altre volte si faceva sbilanciare da elementi di disturbo esterni, e manifestava comportamenti dissennati.

Mi viene in mente quando avevo sei o forse sette anni e vivevamo all'ultimo piano di un vecchio palazzo affacciato sulla Darsena, l'antico porto di Milano. C'erano ancora barconi che arrivavano lì lungo il Naviglio Grande, carichi di sabbia, ghiaia e pietre per costruzioni. I materiali venivano raccolti con le ganasce dalle gru che li versavano nelle tramogge, per essere poi scaricati sui cassoni dei camion. Mi affascinava assistere dall'alto a quelle operazioni, ma mia madre trovava insopportabile il clangore dei metalli, il fragore della ghiaia, il fracasso delle pietre rovesciate, il rombo dei motori a gasolio, il fumo nero che producevano. Un pomeriggio l'avevo sentita gridare "Criiistooo!" Ero corso nel soggiorno, e l'avevo trovata completamente fuori di sé davanti alla finestra aperta, con ai piedi una cassetta di patate, intenta a scagliarle contro le gru e i camion che dall'altra parte del viale mugghiavano e ruggivano vicino all'acqua come predatori preistorici. Non credo che fosse riuscita a raggiungere gruisti e camionisti con i suoi lanci furibondi, o che loro si fossero accorti di niente, però la scena aveva avuto su di me un forte effetto destabilizzante.

Anche il suo spirito spartano oltrepassava spesso i limiti della logica, come quando pretendeva di farci dormire con la finestra aperta in pieno inverno, in una delle città più inquinate d'Europa. Un giorno di gennaio lo zio Sarino stranamente ci aveva fatto visita, e aveva trovato mia sorella di pochi mesi nella sua culla in terrazza, esposta all'aria gelata e fuligginosa. Le proteste indignate dello zio avevano provocato una reazione furiosa da parte di mia madre, quasi certamente uno dei motivi per cui le nostre partecipazioni ai pranzi di Natale in famiglia erano così ridotte.

Molti anni più tardi mia madre nel corso di una lite aveva scaraventato addosso a mio padre una caffettiera piena di caffè bollente, e lui aveva trovato asilo e comprensione presso una famiglia di conoscenti, un paio di piani più sotto nello stesso palazzo. Dopo alcuni giorni era tornato a casa, professando ammirazione per il carattere e l'intelligenza di mia madre, e fastidio per le attenzioni dei vicini che avevano preso le sue parti fino a quel momento. Un'ennesima manifestazione della loro complicità inscalfibile, alla faccia di tutto e di tutti.

Mi chiedo cosa sarebbe successo se mia madre avesse avuto a che fare con Doralice in veste di suocera: è ben difficile che due donne dai caratteri forti come i loro avrebbero potuto andare d'accordo senza scontrarsi. Anche solo a immaginarmele nello stesso appartamento avverto sulla pelle la tensione di ogni loro sguardo e gesto, di ogni minimo scambio di parole. E mio padre come si sarebbe comportato, se si fosse trovato tra quei due fuochi? Avrebbe cercato con tutte le sue forze di creare una conciliazione? Avrebbe preso le parti di mia madre? Di sua madre? Sarebbe rimasto invischiato in un conflitto irrisolvibile tra lealtà contrastanti?

Detesto la psicologia d'accatto, però una delle ragioni per cui ho cominciato a scrivere questa storia è il desiderio di capire come un danno possa ripercuotersi attraverso le generazioni, e come gli interessati non ne siano consapevoli, fino a che non provano a ricostruire cosa sia successo davvero a chi li ha preceduti.

È possibile che mio padre sia stato attratto dagli aspetti instabili del carattere di mia madre, oltre che dalle sue qualità, perché gli erano familiari; e che io per la stessa ragione abbia trovato attraente l'instabilità di una donna con cui ho avuto a che fare anni fa. Oggi mi tengo il più lontano possibile da quel tipo di carattere, però una volta ci sono cascato, nella stupida coazione a ripetere che Laplanche e Pontalis definiscono come un "processo incoercibile e di natura inconscia per il quale l'individuo si ritrova come per caso in situazioni che già lo avevano fatto soffrire nell'infanzia".

Ho telefonato alla zia Velda ma il suo numero risultava inesistente

Ho telefonato alla zia Velda ma il suo numero risultava inesistente. Erano passati cinque anni da quando ero andato a trovarla, sette da quando lei mi aveva mandato quella lettera a Marsiglia: cos'altro avrei dovuto aspettarmi? Anche senza calcolare la sua età sapevo che non sarei più riuscito a trovarla viva, eppure ci sono rimasto malissimo. Mentre cercavo in modo intermittente di ricostruire la storia di Carlo e Doralice mi ero ripromesso chissà quante volte di chiamarla, per ottenere qualche informazione in più o anche solo per sapere come stava. Non l'avevo mai fatto, per timore di scoprire un brusco declino, per vigliaccheria, per distrazione.

Non avevo il numero del cugino Jean-Paul, ma ho digitato il suo nome su un motore di ricerca accanto alla qualifica di *nez*, e non è stato difficile trovarlo. Appena ho sentito la sua voce al telefono gli ho detto "Ho provato a chiamare tua madre".

"È morta quattro mesi fa" ha detto lui.

"Quattro mesi fa?" ho ripetuto, come un imbecille.

"Sì" ha detto Jean-Paul. "Aveva compiuto cent'anni da poco."

“Mi dispiace” ho detto. L’idea che avesse vissuto così a lungo mi faceva sembrare ancora più imperdonabile non averla cercata prima: pensavo all’intensità del suo sguardo, al suo piglio nel parlare, alla precisione della sua memoria. Avevo un senso di occasioni perse, come treni che corrono e scompaiono all’orizzonte.

“Ci credo” ha detto Jean-Paul, ma senza nessun rimprovero velato.

“Avrei tanto voluto rivederla, o almeno sentirla al telefono” ho detto. Sarebbe bastato così poco, così poco.

“Possedeva una vera personalità” ha detto lui. “Come ce ne sono poche oggi.”

“È vero” ho detto. “Se venissi a Grasse dopodomani, avresti mezz’ora da dedicarmi?”

Lui non sembrava sorpreso dalla mia improvvisa urgenza, ha detto “Va bene, facciamo nel primo pomeriggio”.

Due giorni dopo eravamo seduti al tavolino di un bar nella parte alta della città, in uno sciamare vociante di studenti americani diretti ai bar e ai negozi turistici. Jean-Paul mi ha detto che la zia Velda era rimasta in forma fino a un anno prima, poi aveva avuto un tracollo. La sua bella casa era stata venduta solo da una ventina di giorni, a un chirurgo ortopedico di Nizza.

Non era una conversazione facile, perché continuavo a sentirmi in colpa e avevo la testa piena di domande difficili.

Lui ha tirato fuori una busta dalla tasca della giacca, me l’ha data.

Dentro c’erano due vecchie fotografie in bianco e nero: una ritraeva Hidalgo in una delle sue pose esistenzialiste, sguardo tormentato, ciuffo impetuoso di capelli; l’altra un gruppo di persone sparse in un paesaggio campestre.

"Mia madre le aveva messe da parte per te" ha detto Jean-Paul. "Voleva dartele quando vi foste rivisti."

"Grazie" ho detto, con una nuova fitta per non essermi più fatto vivo con lei.

"Quello è il nonno Hidalgo, lo vedi" ha detto Jean-Paul. "L'altra credo che sia il set di un film dello zio Adelchi. Ci sono anche delle note di mia madre."

In effetti sul lato sinistro della foto di gruppo era attaccata una striscia di carta velina con alcune scritte a matita, nella grafia elegante e decisa di zia Velda. Non ho provato a leggerle, avevo la testa attraversata da troppi pensieri. Ho detto "Sto ancora cercando di ricostruire il motivo della scomparsa di mia nonna Doralice dalla vita di mio nonno Carlo e di mio padre, e mia. È diventata una specie di ossessione, ormai".

"Cosa pensi che sia successo?" ha detto Jean-Paul, in quel suo modo amabile.

"Non lo so" ho detto. "So soltanto che mio nonno si è preso una tremenda coltellata in faccia, e che mia nonna è sparita, più o meno nello stesso periodo."

"Credi che i due fatti siano collegati?" ha detto lui, forse con una lievissima intonazione di allarme nella voce.

"Sì" ho detto. "Ma sono solo ipotesi, senza nessun riscontro."

"Quali ipotesi?" ha detto lui, guardava la sua tazza di tè verde.

Avrei voluto parlargli in modo più diretto, ma non era certo facile dirgli che sospettavo suo nonno o uno dei suoi zii di essere stato l'accoltellatore di mio nonno. Ho appoggiato sul tavolino la foto di Hidalgo; ho detto "Lo conoscevi bene?"

"Be', era mio nonno" ha detto Jean-Paul, con un mezzo sorriso.

"Te lo ricordi come un uomo impulsivo?" ho detto.

Jean-Paul mi ha guardato come se non capisse bene la domanda, e come se la capisse fin troppo bene. Ha detto "Intendi capace di gesti violenti?"

"Eh" ho detto. Avevo in testa spezzoni di un film immaginario in cui Hidalgo spintonava Carlo in un carruggio di Genova; gli urlava contro insulti in spagnolo; tirava fuori di tasca una lama luccicante.

"Intendi capace di aggredire tuo nonno con un coltello?" ha detto Jean-Paul.

"È solo un'ipotesi" ho detto, senza aggiungere che mi sembrava una delle più plausibili tra quelle a cui avevo pensato.

Jean-Paul ha sorriso di nuovo, scuoteva piano la testa. Ha detto "Mio nonno Hidalgo era un uomo intensamente emotivo, ma il suo senso dell'umorismo e dell'estetica prevalevano sempre sugli impulsi più accesi".

"Sempre?" ho detto, visto che a quel punto le mie carte erano scoperte.

Lui ha detto "Ti racconto solo questo: una volta si era infuriato con un giardiniere che gli aveva rovinato un albero nel giardino. Ha preso a fare gesti plateali, dire che non aveva mai visto una potatura eseguita in modo più privo di intelligenza. Sciorinava insulti surrealisti in spagnolo come '*¡Tu eres un peinabombillas!*' Sei un pettinalampadine! Il giardiniere ha incassato per un po', ma a un certo punto si è inferocito e gli ha tirato addosso il rastrello che aveva in mano. Nonno Hidalgo l'ha raccolto, io e la mamma già immaginavamo una lotta selvaggia.

Invece lui ha restituito il rastrello al giardiniere con un sorriso, e ha detto '*Hay reacciones más sutiles*'. Ci sono reazioni più sottili".

"Ah sì?" ho detto, mentre il mio film mentale di Hidalgo come accoltellatore di Carlo cominciava a dissolversi.

"Era fatto così" ha detto Jean-Paul. "Un uomo pieno di spirito artistico e di fantasia. Inventava favole straordinarie per me, ogni tanto mi faceva dei magnifici disegni."

Mi sentivo ancora più a disagio; ho detto "Non hai idea di quanto sia importante la tua testimonianza di prima mano".

"Figurati" ha detto lui; ha preso un sorso del suo tè.

"E i tuoi zii?" ho detto. "Gli altri fratelli di Doralice?"

Jean-Paul ha inspirato a fondo; ha detto "Vuoi dire se potrebbe essere stato uno di loro ad accoltellare tuo nonno?"

"Solo ipoteticamente" ho detto, e mi vergognavo della mia scelta di parole. "Adelchi, per esempio. A sentire tua madre era un avventuriero, prima di dedicarsi al cinema aveva fatto il boxeur nelle fiere di paese, il domatore di leoni."

"Lo zio Adelchi non credo abbia nemmeno mai visto tuo nonno" ha detto lui. "A quanto ne so al tempo del matrimonio di zia Doralice era negli Stati Uniti o in Inghilterra a girare film."

"E Medardo?" ho detto, con in mente quella sua posa tracotante nella foto di gruppo sulle rocce di Nervi.

"Lo zio Medardo era l'uomo più dolce del mondo" ha detto Jean-Paul. "Non avrebbe fatto male a una mosca. È stato estremamente amorevole con mia madre, con gli zii, con me, con tutti."

Siamo rimasti zitti per un po', tra i frammenti delle mie ipotesi investigative.

"E mia nonna Doralice?" ho detto.

Jean-Paul ha inclinato la testa, come per osservare Doralice nella sua galleria di ricordi. Ha detto “La zia Doralice aveva la stessa teatralità del nonno Hidalgo e un senso dell'umorismo altrettanto forte, ma quando le veniva una fiammata di rabbia non si controllava minimamente”.

“Per esempio?” ho detto, con il cuore in accelerazione. “Ti è capitato di vederle perdere la testa?”

“Ah sì” ha detto il cugino Jean-Paul. “Una volta io e mia moglie eravamo andati a trovarla a Genova. Ce ne stavamo tutti e tre al Caffè degli Specchi a bere una cioccolata calda, presi in una bella conversazione, e una signora molto snob seduta a un tavolino vicino ha fatto un commento acido su come la zia Doralice gesticolava e parlava a voce troppo alta. E la zia senza dire una parola le ha tirato addosso la sua tazza di cioccolata calda, l'ha presa in pieno. Così.” Ha mimato il lancio della tazza; a distanza di tanto tempo sembrava ancora scosso.

“Accidenti” ho detto, mentre l'immagine di mia nonna che tirava una tazza di cioccolata calda a una sconosciuta si sovrapponeva a quella di mia madre che tirava una caffettiera bollente a mio padre, a quella della mia ex emotivamente instabile che tirava un bicchiere di vino a me.

“Poteva essere senza freni, la zia Doralice” ha detto il cugino Jean-Paul.

Ho detto “Ma quando ci siamo visti l'altra volta ne parlavi come di una donna straordinaria”.

“Lo *era*” ha detto Jean-Paul. “Era straordinaria, *e* totalmente priva di freni. Però tra il tirare una tazza di cioccolata a una sconosciuta antipatica e l'accoltellare un marito ce ne passa.”

“Forse” ho detto.

Di nuovo siamo restati in silenzio per qualche minuto, credo tutti e due con sentimenti parecchio contradditori; intorno a noi continuavano a passare turisti, a coppie e in gruppi.

“Grazie per questa chiacchierata” ho detto, e mi è sembrata una stupida frase di circostanza, del tutto inadeguata.

“Figurati” ha detto Jean-Paul.

“Davvero” ho detto. Ho rimesso nella busta le due foto che zia Velda mi aveva lasciato.

Jean-Paul era troppo cortese per guardare l’orologio o mostrare impazienza, però eravamo seduti lì da quasi un’ora, e sapevo che da un momento all’altro sarebbe dovuto tornare al suo lavoro tra i profumi.

La notte in albergo non riuscivo a dormire

La notte in albergo non riuscivo a dormire, continuavo a rigirarmi nel letto con in testa la stessa domanda che si ripresentava ciclicamente. E se Doralice non fosse stata affatto la vittima, in quello che era successo? Se la giovane e incompresa attrice cilena a cui era stato strappato il figlio dal clan siciliano fosse stata pericolosa per figlio e marito? Se dopo aver lasciato chissà quante volte il mio futuro padre a piangere da solo in casa avesse reagito con furia selvaggia al mio futuro nonno che la metteva di fronte alle sue responsabilità?

Non è che non succeda. Certo, la stragrande maggioranza delle aggressioni coniugali è opera di uomini, impregnati della più ignobile cultura di maschilismo e sopraffazione. Secondo un rapporto recente basato su dati internazionali, la violenza domestica è la principale causa di morte e invalidità per le donne di età compresa tra i sedici e i quarantaquattro anni, con un'incidenza maggiore di quelle provocate dal cancro o dagli incidenti automobilistici. Nel 2023 solo in Italia ci sono stati centoventi femminicidi, vale a dire uno ogni tre giorni: per una donna è molto più pericoloso avere una relazione sentimentale che dedicarsi a sport estremi come il *free climbing* o il paracadutismo acrobatico.

Però c'è anche un certo numero di atti violenti compiuti da donne nei confronti degli uomini, benché spesso come reazione a lunghe storie di abusi, quindi per legittima difesa. Da uno studio canadese recente risulta che tra le vittime di tutti gli omicidi relazionali c'è un otto per cento di mariti, ex mariti, fidanzati o amanti uccisi dalle loro mogli, ex mogli, fidanzate o amanti. Percentuali minime, che non bilanciano certo la preponderanza dei crimini maschili, ma esistono. Lo so bene io, che nel corso della mia storia di tre anni con una donna emotivamente instabile ho rischiato due volte di essere accoltellato, una a casa sua e una a casa mia, e due volte di essere travolto in automobile, la prima nella campagna toscana e l'ultima proprio in Cile, nel deserto di Atacama. Mi ricordo fin troppo bene il senso di incredulità con cui l'avevo vista venire verso di me con un coltello in mano, urlante e fuori controllo; nel primo caso la lama aveva tagliato per il lungo la manica destra del mio giubbotto di pelle; nel secondo ero riuscito a disarmarla e buttarla a terra. Ricordo altrettanto bene la fredda determinazione nel suo sguardo mentre stringeva il volante e premeva sull'acceleratore; e la rapidità del riflesso con cui ero riuscito a saltare di lato un istante prima che lei mi travolgesse. A ripensarci adesso è stupefacente che dopo i primi episodi violenti la nostra relazione fosse andata avanti come prima, o quasi, e che solo l'ultimo investimento evitato per un soffio mi avesse finalmente convinto a chiudere quella storia malata.

L'altro aspetto paradossale, ma in fondo forse coerente, era che la mia mancata accoltellatrice e investitrice fosse figlia di un produttore di coltelli e si occupasse per professione di investimenti finanziari. Avrei dovuto capire già durante il primo pranzo insieme che qualcosa in quella biondina minuta e graziosa non andava, dal suo modo incalzante di farmi domande sulle mie precedenti relazioni, e commentarle con rabbia retroattiva mentre sbriciolava sulla tovaglia un grissino dopo l'altro. Però mi aveva intrigato lo spirito sarcastico con cui parlava del suo lavoro, dei suoi clienti e dell'irrazionalità del mercato azionario; forse avevo provato una forma di curiosità antropologica. E sì, anche se mi imbarazza ammetterlo, è probabile che fossi stato attratto proprio dalla sua evidente instabilità emotiva. L'avevo scambiata per la dimostrazione di un'intensità di sentimenti non comune; ma soprattutto era un tratto familiare, sperimentato a lungo con mia madre. Forse pensavo che si accompagnasse a qualità altrettanto luminose e variegate, che invece in lei erano quasi assenti. In ogni caso non avevo avuto tempo di rifletterci abbastanza a lungo, finché era stato troppo tardi per tirarmene fuori e le sue manifestazioni di squilibrio erano diventate più frequenti e pericolose.

Era gelosa in modo patologico di qualunque essere femminile con cui io avessi a che fare. Era gelosa di mia madre, era gelosa di mia sorella, era gelosa della mia ex moglie, era gelosa di mia figlia, era gelosa delle mie amiche, era gelosa delle fidanzate dei miei amici, era gelosa delle cameriere nei bar, era gelosa delle commesse nei negozi. Bastava un saluto, un sorriso o anche solo uno scambio di sguardi perché mi accusasse di flirtare; bastava un tono poco più che neutro mentre parlavo con qualcuna al telefono per farla esplodere in urla, spinte, graffi, sputi, calci, pugni, colpi con la mano a taglio perfezionati in anni di karate. Eppure continuavo a restare con lei, con la stessa partecipazione intermittente con cui avrei potuto guardare un film che non mi piaceva affatto, ma di cui avrei voluto comunque scoprire il finale.

Nel caso di Carlo e Doralice penso proprio che la gelosia abbia avuto parti inverse: che siano state le fughe di lei al porto, la sua non conformità, la sua irruenza, la sua mancanza di filtri, la sua teatralità naturale, perfino il suo aspetto, il suo modo di vestire, il suo accento, il suo sguardo a suscitare in lui istinti possessivi. A differenza di quello che pensa il cugino Jean-Paul, non ci passa poi così tanto tra il tirare una tazza di cioccolata calda a una sconosciuta e il tirare una coltellata a un marito troppo ragionevole, pertinace e giudizioso che continua a metterti all'angolo.

Poi sono sicuro che non si sia trattato di un tentato omicidio, ma di una perdita totale di freni, che avrebbe potuto sì avere conseguenze mortali ma che alla fine ha lasciato solo una tremenda cicatrice, un uomo danneggiato, una famiglia spezzata, e ripercussioni di vario grado in un paio di generazioni successive.

Appena è arrivata l'alba sono saltato giù dal letto, mi sono messo a scorrere le foto di Doralice sul telefonino. Sì, nel suo sguardo c'è qualcosa di preoccupante: è già visibile nel ritratto da ragazza in cui lei è con la madre e indossano entrambe quegli inspiegabili costumi tradizionali. Ma è più evidente nella foto con tutta la famiglia Migliar a Concepción, e ancora più nelle foto insieme a Carlo. Quello che mi inquieta profondamente è la sua espressione: la fissità dello sguardo, l'assenza di serenità, l'aleggiare di pensieri scuri che sembrano sul punto di trascinarla nel buio, o anche di farla divampare in reazioni inconsulte. Sono aspetti che immagino io, a causa del mio lavorio deduttivo e di quello che mi ha raccontato il cugino Jean-Paul? Non credo:

sono sempre stati lì, solo che non li avevo voluti vedere, perché avevo coltivato a lungo l'idea di una giovane mezza straniera e anticonformista che per la sua diversità viene ostracizzata da un clan familiare. La mia disposizione romantica e il mio amore per le donne mi portavano a stare istintivamente dalla sua parte, ma le foto che continuo a guardare e riguardare raccontano un'altra storia, e ormai non c'è più verso di ignorarla.

Se fosse stata Doralice a tirare quella terribile coltellata al nonno Carlo che le rimproverava di abbandonare il figlio in casa da solo per ore, allora la reazione dei De Carlo diventerebbe comprensibile. Come avrebbero potuto lasciare un bambino di due anni in balia di una donna che aveva appena rischiato di accecare o ammazzare suo marito? Quella che mi era sembrata un'odiosa sopraffazione familiare era forse stata una decisione inevitabile, benché dolorosa. Per i De Carlo non doveva certo essere stato semplice decidere di affidare il piccolo Giancarlo alle cure della zia Anita a Livorno, e più avanti dei nonni a Tunisi. Ma era quello che le famiglie facevano: assumersi responsabilità collettive di fronte alle emergenze.

Camminavo avanti e indietro nella stanza d'albergo, e mentre la luce dalla finestra diventava più intensa mi sembrava sempre più probabile che la spiegazione del comportamento di due generazioni di De Carlo fosse stata prima la volontà di proteggere un bambino da sua madre, e poi di tenere al riparo i figli di quel bambino ormai cresciuto. Carlo e la sua famiglia non avevano avuto alternative; i miei genitori avevano agito con l'arbitrarietà di tutte le loro scelte.

Ho guardato meglio le due foto che mi aveva lasciato la zia Velda

Ho guardato meglio le due foto che mi aveva lasciato la zia Velda. Dopo i racconti del cugino Jean-Paul, quella di Hidalgo mi ispirava molta più simpatia che inquietudine. Doveva essere stato un tipo interessante, mi sarebbe piaciuto conoscerlo.

La foto di gruppo nello scenario campestre ritrae in effetti un set cinematografico, come diceva Jean-Paul. La troupe è disposta intorno a un regista che indossa pantaloni da equitazione e stivali al ginocchio, appoggiato al cavalletto di legno della cinepresa. Al centro dell'inquadratura ci sono una donna, due uomini e una bambina; più indietro due bambini osservano un violoncellista seduto su una sedia pieghevole e un mandolinista in piedi, entrambi vestiti in modo formale. Alcuni degli uomini hanno in testa un basco, il regista invece ha un cappello chiaro a falda larga che insieme agli stivali e ai pantaloni lo fa sembrare un esploratore. Alle spalle di tutti c'è un gregge di pecore.

Sulla striscia di carta velina sovrapposta al lato sinistro della foto è scritto a matita nella grafia di zia Velda:

Tournage d'un film à Gourdon (A.M.)

Più sotto, sottolineato:

Vers 1930

Più sotto ancora ci sono alcuni numeri e nomi:

1. *Elisa Laude (vedette du film)*
2. *Adelqui*
3. *Hidalgo*
4. *Velda*

Sulla foto non c'è nessun numero corrispondente che permetta di identificare chi sia chi, però il regista può essere solo Adelchi, e Hidalgo è subito riconoscibile per i suoi capelli e la sua posa, mano nella tasca dei pantaloni, sguardo lontano. La giovane e bella donna al centro dell'inquadratura deve essere l'attrice Elisa Laude, anche se su Internet non trovo niente a suo riguardo. E la bambina è sicuramente la zia Velda, che nel 1930 aveva sette anni.

Ero così soddisfatto di avere identificato le persone numerate, che mi sono accorto solo in un secondo momento di come la zia avesse scritto *Adelqui*, e non Adelchi.

Ho provato a digitare il nome in questa forma su un motore di ricerca, e di colpo sono saltati fuori decine di risultati. Voci in spagnolo, italiano, francese, inglese, olandese, svedese: *Adelqui Migliar Icardi (Concepción 1891- Santiago 1956), conocido mundialmente como Adelqui Millar, fue un actor, escritor, productor y director de películas durante la época del cine mudo e inicios del cine sonoro…* Locandine a colori di film con titoli come *Ambición*, *La carga de los valientes*, *Las luces de Buenos Aires*, suoi ritratti in bianco e nero, in costumi di scena e in abiti normali, truccato e non, nelle diverse fasi della sua vita.

Non riuscivo a credere che due consonanti potessero fare la differenza tra il non trovare niente su qualcuno e il venire inondati di così tante informazioni da esserne quasi sopraffatti. Siamo abituati al fatto che un algoritmo corregga qualunque nostro errore o approssimazione e ci fornisca risposte istantanee, ma non è sempre così. Mi sentivo stupido per non aver dato pieno credito ai racconti della zia Velda, averli derubricati a leggende familiari prive di vera sostanza.

Continuavo a scorrere i risultati sullo schermo del computer: c'era anche un libro, una biografia di Adelqui in lingua spagnola uscita nel 2022.

L'ho ordinato subito, nella speranza di trovarci anche qualcosa su Doralice e sul resto della famiglia.

La biografia del mio prozio Adelqui è arrivata in tre giorni

La biografia del mio prozio Adelqui è arrivata in tre giorni; non mi è capitato spesso di aspettare una consegna con tanta impazienza. Ho strappato la confezione di cartone, tirato fuori il volume. L'illustrazione di copertina dai colori vivaci riproduce l'ingresso di un cinema d'epoca, sul cui tabellone luminoso è scritto:

ADELQUI MILLAR
(1891 - 1956)
Un penquista en la cúspide del cine mundial

Non conoscevo il significato di *penquista*, l'ho cercato: è una persona nata o residente a Concepción. Dunque il sottotitolo è *Un nativo di Concepción all'apice del cinema mondiale*.

Il libro è autopubblicato, l'opera prima di un giornalista cileno che si chiama Carlos E. Ilabaca Villanueva. La nota biografica sotto la sua foto rivela che è anche musicista autodidatta, chitarrista nel gruppo rock Almas Gemelas. Leggo che l'autore aveva cominciato la sua ricerca durante il lockdown da Covid-19, con l'idea di scrivere un articolo di poche pagine per una rivista di cinema. Ma la ricerca aveva continuato a estendersi man mano che lui trovava nuovi materiali e si appassionava sempre più al soggetto, finché le poche pagine delle sue intenzioni iniziali sono diventate le quasi cinquecento del libro finito.

In fondo al volume ci sono anche una filmografia suddivisa in varie sezioni, una ricca bibliografia e diverse pagine di fotografie in bianco e nero.

La prima riproduce una cartolina con un ritratto di Adelqui pesantemente truccato intorno agli occhi, i capelli lucidi, l'espressione inquietante di quello che sembra un personaggio da film del terrore.

Più avanti è riprodotta una pagina del settimanale "Ideales", dal titolo *TRES ARTISTAS CONOCIDOS*. I tre fratelli Migliar sono fotografati insieme: Medardo, Hidalgo e Adelqui uno dietro l'altro in diagonale e per ordine d'età, eleganti, sorridenti, con le mani in tasca. Sotto ciascun fratello è riprodotta la sua firma: la più grande è quella di Adelqui, e ha l'andamento di un tracciato sismografico. La più compatta, elegante e accurata è quella di Hidalgo, con l'*H* che assomiglia a un diesis musicale, sottolineata da una piccola freccia. La firma di Medardo sembra rivelare qualche incertezza, compensata in parte da una sottolineatura simile a quella di Hidalgo ma più estesa. Credo che sulla base di queste firme un grafologo potrebbe già capire molto delle personalità diverse dei tre fratelli.

La didascalia dice:

Tenor Medardo Migliar, que actualmente canta en Holanda – Maestro Hidalgo Migliar, director de orquesta y distinguido compositor –

Adelqui Migliar, nacido en Concepción, artista cinematográfico en la Negativa Film de Milán.

L'edizione del settimanale è del luglio 1915, e testimonia il fatto che tutti e tre i fratelli Migliar in quell'anno si trovavano in Europa. Non perché facessero parte di una compagnia di saltimbanchi come aveva raccontato la zia Anita, ma perché ognuno di loro perseguiva una propria carriera artistica degna di rispetto e ammirazione. I genitori Juan e Dominga erano quasi sicuramente rimasti in Cile, quindi anche l'immagine del mio futuro bisnonno cileno che conta ad alta voce i propri passi mentre cammina con il consuocero per le vie di Genova è una fandonia denigratoria. E credo proprio che anche il caravanserraglio composto da scimmietta, cane Terranova e pappagallo sia un'invenzione dei De Carlo per rappresentare i Migliar come pittoreschi giullari.

Se però una compagnia teatrale Migliar non era mai esistita, cosa ci faceva Doralice in Italia? E se non aveva folgorato Carlo dal palcoscenico di un teatro genovese, dove e come era avvenuto il loro incontro?

Carlos E. Ilabaca Villanueva ha fatto un buon lavoro

Carlos E. Ilabaca Villanueva ha fatto un buon lavoro, e nella sua meticolosa ricerca durata due anni tra registri, archivi e pubblicazioni ha trovato anche notizie sui genitori, i fratelli e le sorelle del mio prozio Adelqui.

Il primo capitolo del libro si intitola *Un viaje hacia el confín del mundo*, un viaggio alla fine del mondo, e inizia così:

> El origen de la familia Migliar Icardi podemos situarlo en el norte de Italia, en la región de Piemonte, en una pequeña y antigua ciudad conocida como Asti...

Dunque almeno su questo punto non c'erano più dubbi: il mio futuro bisnonno che ancora si chiamava Giovanni era davvero nato ad Asti, nel 1854. Appena maggiorenne aveva sposato Maddalena de Michelis, con cui aveva avuto una figlia che però era morta a pochi mesi di età. Il biografo cileno non azzarda ipotesi su cosa sia successo tra i due coniugi dopo la tragedia, ma annota il fatto che avevano finito col separarsi. Qualche anno più tardi Giovanni aveva incontrato Domenica Icardi che veniva da Neive, a ventinove chilometri da Asti, e l'aveva sposata come "coniugato riformato". Dalla loro unione era nato nel 1883 Medardo Migliar Icardi, il primogenito, seguito nel 1884 da Idalgo, registrato all'anagrafe senza la H che avrebbe acquisito solo in seguito.

È probabile che le cose non andassero tanto bene per la famiglia, forse a causa della crisi agraria, o forse perché Giovanni si trovava in una situazione difficile, da separato e risposato in una piccola città dove tutti conoscevano tutti. In ogni caso verso la fine del 1889 lui e Domenica erano arrivati alla decisione di trasferirsi dall'altra parte del mondo, in Cile.

Anche oggi sarebbe una scelta tutt'altro che banale, ma allora era decisamente estrema. Non so perché i Migliar Icardi avessero scelto proprio il Cile tra le possibili destinazioni sudamericane, ma certo il governo cileno incoraggiava attivamente l'immigrazione dall'Europa. Alcune compagnie di navigazione pubblicavano annunci su giornali e riviste per informare che "Il Governo del Chilì, in presenza del considerevole sviluppo preso dall'agricoltura, Miniere, Lavori Pubblici ecc. e per mettere a profitto le ricchezze naturali del suolo fa appello ai lavoratori di buona volontà anticipandogli il passaggio per trasferirsi dal porto di Genova a Talcahuano o Valparaiso..." Bastava un piccolo anticipo per assicurarsi la traversata, e il resto era rimborsabile a rate, la prima da pagare dopo sei mesi dall'arrivo. Forse qualche parente, amico o conoscente astigiano dei Migliar Icardi si era già trasferito in Cile, e aveva avviato una di quelle catene migratorie in cui i primi a insediarsi in luoghi lontani richiamavano i loro conterranei.

Edmondo De Amicis in *Sull'oceano*, pubblicato nel 1889, racconta la sua traversata da Genova a Buenos Aires sul piroscafo *Nord America*. "Quando arrivai, verso sera, l'imbarco degli emigranti era già cominciato da un'ora [...] La maggior parte, avendo passato una o due notti all'aria aperta, accucciati come cani per le strade di Genova, erano stanchi e pieni di sonno. Operai, contadini, donne con bambini alla mammella, ragazzetti, passavano, portando quasi tutti una seggiola pieghevole sotto il braccio, sacche e valigie d'ogni forma alla mano o sul capo, bracciate di materasse e di coperte, e il biglietto col numero della cuccetta stretto fra le labbra. Delle povere donne che avevano un bambino da ciascuna mano, reggevano i loro grossi fagotti coi denti, molti erano scalzi, e portavan le scarpe appese al collo..."

Il viaggio dal porto di Genova a quelli cileni di Talcahuano o Valparaiso era lunghissimo, anche se la durata variava a seconda della nave. Lasciata l'Italia si faceva scalo a Cannes, Barcellona, Lisbona, Funchal, Dakar, Rio de Janeiro, Santos, Buenos Aires. A ogni tappa venivano scaricate merci e passeggeri, e caricati carbone, acqua e viveri. Il canale di Panama non esisteva ancora, il periplo del continente americano era interminabile. Fino al 1870 la traversata dall'Europa al Sudamerica su navi a vela poteva durare anche due mesi; i tempi si erano ridotti a un mese negli anni novanta con l'avvento del motore a vapore, ma chissà con quale nave erano partiti i Migliar. Di compagnie di navigazione ce n'erano tante, e i loro bastimenti potevano trasportare più di mille passeggeri per viaggio, la maggior parte stipati in terza classe; solo ogni tanto il capitano concedeva loro di prendere un po' d'aria a prua o lungo i ponti inferiori. Gli scompartimenti di terza classe erano sporchi, il cibo scadente, l'acqua quasi imbevibile; si passava dal caldo soffocante del giorno al freddo penetrante della notte. Spesso a bordo si diffondevano malattie infettive come il vaiolo e il colera; proprio nel 1899 sui piroscafi *Matteo Bruzzo* e *Carlo Raggio* in rotta per il Brasile erano morti cinquantadue passeggeri, e sul *Frisca* ne erano morti ventiquattro asfissiati sottocoperta.

Alcuni viaggi di emigrazione si trasformavano in odissee spaventevoli, come quella raccontata nel 1893 in *La disastrosa traversata del Carlo R.* da Luigi Buscalioni, medico e botanico torinese. Durante il viaggio da Genova a Rio de Janeiro era scoppiata un'epidemia di colera che aveva ucciso centodue passeggeri, tutti buttati in mare. Vicino alle coste del Brasile il contagio si era fermato, ma le autorità avevano vietato agli emigranti di scendere al lazzaretto di Ilha Grande, e dopo aver concesso un sommario rifornimento avevano costretto a cannonate il *Carlo R.* a tornare indietro. Nel viaggio di ritorno il morbillo aveva ucciso altri cento passeggeri, così invece di tornare ai porti di partenza la nave aveva dovuto scaricare emigranti ed equipaggio per la quarantena all'isola di Asinara, dove c'erano già migliaia di passeggeri di altre tre navi, respinti anche loro dopo che erano stati colpiti da epidemie di colera e difterite. A quel punto gli animi erano così esasperati che "venne inviato, magari con un po' di ritardo, un bastimento da guerra, l'*Affondatore*, il quale non appena giunse fece l'effetto di una doccia fredda, calmando i nervi sovraeccitati dei passeggeri, cosicché si poté mettere ai ferri i più rivoltosi per consegnarli forse più tardi alla Autorità giudiziaria".

Forse anche per le condizioni durissime della traversata i Migliar Icardi avevano deciso di non portare con loro Medardo che aveva sei anni e Idalgo che ne aveva cinque, e li avevano probabilmente affidati ai nonni. Anche quella deve essere stata una decisione ben difficile, separarsi dai due figli per andarsene in cerca di fortuna dall'altra parte del mondo.

Per quanto meticolosa, la biografia di Adelqui non fornisce particolari sul viaggio dei suoi futuri genitori, e mi lascia con molte domande senza risposta. Giovanni e Domenica avevano avuto i mezzi per assicurarsi una cabina, o si erano dovuti accontentare di due cuccette in terza classe, stipate una sopra l'altra se non addirittura sull'impiantito? Cosa mangiavano durante quella navigazione infinita? I viaggiatori avevano diritto di caricare fino a cento chili di bagagli: si erano portati dietro pane, formaggio, prosciutto, conserve, scatolame, qualche bottiglia di vino? Scendevano ai porti per comprare nuove vivande e procurarsi acqua fresca, magari spedire una lettera o una cartolina a figli e genitori, sapendo che sarebbe arrivata dopo il loro sbarco in Cile? Riuscivano a dormire, tra le voci e i rumori, nel rollio e il beccheggio del piroscafo? Avevano fatto amicizia con qualche altro viaggiatore? Avevano raccolto informazioni, consigli, idee? Avevano stabilito rapporti, imbastito progetti da mettere in atto una volta in Cile? La loro nave era incappata in una tempesta, oppure la traversata era stata tranquilla? Entrambi fino al momento dell'imbarco avevano passato le loro vite nella pianura del Tanaro, ritrovarsi così a lungo in mezzo all'oceano doveva essere una condizione ben straniante, senza più contatti con il paese e le persone care che si erano lasciati alle spalle.

Un altro medico di bordo, Teodoro Ansermino, nel suo libro *La traversata del Cachar. Episodi dell'emigrazione al Chilì*, uscito nel 1891, racconta come gli armatori per avidità di denaro ammettessero chiunque a bordo. Aveva scoperto che il suo lavoro non era "nell'interesse dell'emigrante, ma a salvaguardia della compagnia. In parecchi viaggi coi vapori italiani non avevo veduto proprio niente di lieto. Mi risulta ancora che alla Direzione della Sanità pubblica sono noti gli sconci che si verificano sui nostri vapori nazionali, ma non si osa, o non si vuole, prendere dei provvedimenti energici". Durante la sua traversata sulla nave interamente adibita a terza classe si erano verificate "solo" cinque morti, ma in compenso c'erano state continue proteste da parte degli emigranti, per il cibo pessimo, per l'acqua imbevibile, per la mancanza di una mensa, per l'assenza di lenzuola, per il troppo affollamento. Benché il buon medico avesse a cuore la sorte dei passeggeri, molti di loro gli avevano fatto una pessima impressione: "Notai immediatamente la poca disciplina della massa de' miei emigranti, la petulanza di molti, in ragione diretta della loro poca pulizia. C'era una quantità di brava gente che andava in America per lavorare, ve ne era però una quantità ancora maggiore che si avviava alla ventura. Un cumulo di spostati, di esaltati, e fra questi, pur troppo, un buon numero di antichi ammoniti, di antichi coatti, di pessimi soggetti, infine, di farabutti della più bell'acqua [...] quasi tutti erano armati di *revolver e di coltello* [...] Era naturale, del resto, data l'indole della corrente d'emigrazione al Chilì."

Una volta raggiunte le coste del Sudamerica, Giovanni e Domenica avevano visto scendere ai porti brasiliani e poi argentini gran parte delle persone con cui avevano condiviso la traversata; chissà quali erano stati i loro pensieri quando erano rimasti a bordo in compagnia molto ridotta per l'ultima tappa fino al porto di Talcahuano, nel Cile lungamente atteso.

Posso immaginarmi le loro sensazioni allo sbarco: il frastornamento, lo sconcerto davanti a una realtà così diversa da quella del luogo di partenza. Mi ricordo bene quando io ero sceso dall'aereo a Sydney, dopo aver deciso di emigrare in Australia con la mia ragazza di allora. Ventidue ore di volo non sono certo paragonabili a cinquanta giorni e notti di navigazione, e due ventenni che decidono di andarsene dal loro paese lo fanno con un animo più leggero di una coppia pienamente adulta che ha dovuto separarsi dai figli. Però anche noi eravamo arrivati in un continente sconosciuto con un biglietto di sola andata e ben pochi soldi in tasca; la miscela di aspettative e sgomento che avevamo provato non deve essere stata poi tanto dissimile da quella dei miei futuri bisnonni. La stagione rovesciata, gli spazi, la luce, la temperatura, gli odori, i suoni: tutto ti viene incontro in una simultaneità sbalorditiva e sconfortante, ti lascia senza fiato.

L'arrivo dei Migliar Icardi a Concepción era stato annotato sul registro del consolato onorario d'Italia il 13 aprile 1890. Giovanni e Domenica avevano deciso subito di prendere la nazionalità cilena, e di "castiglianizzare" i loro nomi di battesimo in Juan e Dominga. Avevano trovato casa al 39 di calle Maipú, ed è lì che un anno e tre mesi più tardi, il 5 agosto del 1891, era nato il loro terzogenito, destinato a diventare una star del cinema mondiale. Juan aveva trentasei anni, e per l'epoca non era più tanto giovane. Prudentemente aveva aspettato quattro mesi a battezzare il nuovo figlio nella chiesa parrocchiale di

Concepción, dove a causa di un errore di trascrizione il prete vicario lo aveva registrato come Pablo Adelchi Migliar Isaude. Quindi è solo più tardi che Adelchi era diventato Adelqui, e Migliar era diventato Millar. I nomi si trasformavano, per adattarsi alle geografie diverse.

Non che i Migliar Icardi al loro arrivo in Cile avessero trovato un clima politico tanto tranquillo. Nel gennaio del 1891 era scoppiata una guerra civile tra i liberali, appoggiati dall'esercito, e i conservatori, appoggiati dalla marina, costata la vita a cinquemila persone. Ad agosto i conservatori avevano vinto, poi nel mezzo dei festeggiamenti patriottici il presidente Balmaceda aveva passato i poteri al generale Baquedano, e si era suicidato.

Però Juan e Dominga a Concepción avevano seguito il percorso classico secondo cui i nuovi arrivati cominciavano a lavorare per parenti o compaesani che si erano già consolidati, diventavano indipendenti appena possibile e avviavano le proprie attività. Gli immigrati piemontesi erano industriosi e impazienti, e Juan non aveva aspettato molto a chiedere e ottenere una licenza per il commercio di bevande alcoliche fermentate e distillate. Del resto gran parte dei negozi e delle drogherie a Concepción e Talcahuano erano gestite da italiani, che avevano anche il quasi monopolio della produzione e del commercio di stoffe da esportare in Europa.

La famiglia intanto si allargava: nel 1894 era nato un quarto figlio maschio, a cui era stato dato il nome di Aristides. Nello stesso anno Medardo, che aveva undici anni, e Idalgo, che ne aveva dieci, avevano fatto la traversata oceanica per raggiungere i genitori in Cile. È probabile che data l'età avessero anche apprezzato gli aspetti avventurosi di quella lunga navigazione;

e che all'arrivo fosse stato molto strano per loro ritrovare padre e madre dopo quattro anni di separazione, in un paese così diverso da quello in cui erano nati e cresciuti. La disposizione al viaggio e ai cambiamenti di contesto, lingua e attività ormai era diventato un tratto di famiglia, e quella picaresca irrequietezza creativa non li avrebbe più lasciati. Anche i due bambini erano diventati subito cittadini cileni, e al nome di Idalgo era stata aggiunta la H che poi avrebbe sempre conservato.

Nel 1895 i Migliar Icardi erano stati colpiti da una tragedia, quando un carretto carico di fusti di birra aveva travolto Aristides, che era morto in seguito alle ferite, a soli due anni di età. Deve essere stato un momento terribile per la famiglia, anche se a quell'epoca la gente faceva tanti figli sapendo che metà di loro avrebbe potuto non arrivare all'età adulta. Nel suo testamento del 1913 Juan Migliar dichiara di avere avuto dodici figli, dei quali ne erano sopravvissuti sei.

Poi il 6 settembre del 1896 a Concepción era nata Doralice, la prima femmina Migliar, la mia futura nonna.

Scoprire qualcosa accentua la mancanza di quello che ancora non sai

Scoprire qualcosa accentua la mancanza di quello che ancora non sai: finalmente avevo dati certi sull'origine e la nascita di Doralice, eppure non riuscivo a colmare il vuoto prima della sua apparizione nella vita di Carlo, e quello dopo la nascita di Giancarlo.

Posso solo immaginarmela mentre cresce insieme ai suoi fratelli e alle sue sorelle nella città in rapida trasformazione. Proprio Adelqui ne era diventato il cinquantamillesimo abitante, celebrato con una gran festa pubblica tra musiche, balli e libagioni. La vedo ragazzina mentre passa davanti alla stazione ferroviaria, dove i commercianti ricevono e spediscono le loro casse da e per Santiago. O mentre contempla il grande ponte costruito sul fiume Bío Bío, dove scorrono i treni che collegano Concepción al porto di Talcahuano e alle miniere di carbone dell'Araucania. O mentre si ferma ad ammirare il municipio in stile *hôtel de ville* francese, gli edifici pseudotoscani dell'intendenza e del tribunale, la grandiosa cattedrale. La seguo quando va tutta emozionata con la famiglia ad assistere a uno spettacolo al Teatro Concepción, dove anni più tardi sarebbero stati proiettati i film di Adelqui. La città continua a crescere insieme a lei, ma è ancora poco più di un luogo di frontiera, in cui carri e carretti tirati da cavalli trasportano persone e merci su strade di terra battuta, e solo alcune vie sono pavimentate, come calle Maipú dove vivono i Migliar Icardi.

L'attività commerciale del mio futuro bisnonno intanto continuava a prosperare, e a un certo punto lo aveva incoraggiato a fare alcuni investimenti immobiliari, debitamente annotati sui registri cittadini. Nello stesso anno in cui era nata Doralice lui aveva comprato per cinquecento pesos un terreno nel Barrio Chillancito, ipotecando la casa presso il Banco de Tarapacá y Londres. Nel 1904 si era lanciato in un investimento molto più impegnativo, con l'acquisto di un grande terreno edificabile a Talcahuano, per cinquemilaquattrocento pesos. Nel 1908 aveva aggiunto ancora un'altra proprietà sempre a Talcahuano, dove aveva deciso di trasferirsi con la famiglia. Doralice e i suoi fratelli e sorelle vivevano adesso sul mare, in una cittadina portuale animata da continui arrivi e partenze di navi cariche di mercanzie e passeggeri in cerca di fortuna.

I fratelli di Doralice avevano frequentato il *Liceo de Hombres*, Doralice e le sue sorelle il *Liceo de Niñas* che era stato aperto nel 1884. Per fortuna Juan e Dominga avevano deciso che anche le figlie avessero diritto a un'istruzione superiore, il che rende i miei bisnonni più illuminati di come avrei potuto immaginarli. Qualche anno dopo lo erano stati con Adelqui, quando lo avevano incoraggiato a perseguire negli Stati Uniti i suoi sogni di attore, o con Hidalgo che voleva andare in Europa a iniziare una carriera di compositore e direttore d'orchestra. Non era affatto scontato che un commerciante come Juan non cercasse di arruolare i figli nella propria attività, e che un emigrato dall'altra parte del mondo non volesse tenerseli vicini, ma al contrario sostenesse le loro aspirazioni artistiche, pur sapendo che li avrebbero portati lontani. L'impazienza eccentrica di quel ritratto fotografico con il cane corrispondeva a una mentalità tutt'altro che convenzionale: Juan Migliar doveva essere un personaggio magnifico, e sono sicuro che Dominga Icardi non fosse una donna ordinaria.

Neanche Medardo, il maggiore dei fratelli Migliar, aveva voluto seguire il padre nei commerci, e dal 1900 al 1910 si era messo a fare il fotografo, per poi decidere che la sua vera vocazione era il canto lirico. Negli archivi della Conservatoria Immobiliare di Talcahuano è registrata la causa intentata da un certo Domingo Linzana, il quale accusava Medardo di non avergli saldato un debito di cinquecento pesos, e di aver venduto tutti i suoi beni per andarsene in Europa a fare il tenore. Medardo in realtà era stato il primo dei fratelli Migliar a riattraversare l'oceano; ma non era passato molto tempo prima che i suoi itinerari si incrociassero con quelli di Adelqui a Milano e ad Amsterdam, dove nel 1914 i due fratelli si erano ritrovati a recitare insieme in una riduzione cinematografica di *Guerra e pace*. In seguito Medardo aveva lasciato la recitazione per stabilirsi in Francia e dedicarsi al canto, ma senza rinunciare a cambiare ancora scenario e professione in modo sorprendente, visto che negli anni trenta era diventato professore di italiano alla Sorbona di Parigi.

Non smette di stupirmi come i fratelli Migliar fossero in grado di passare da una lingua all'altra, da una cultura all'altra, da un'attività all'altra senza incontrare difficoltà. Forse è uno dei vantaggi dell'essere senza radici: la capacità di adattarsi a contesti diversi senza resistenze né paura, incoraggiati da sempre nuove sfide.

Delle sorelle Migliar il biografo cileno ha scoperto che Casta Matea aveva studiato discipline umanistiche a Talcahuano tra il 1913 e 1916, e che nel 1930 si era sposata e trasferita a Montevideo, in Uruguay. La sorella minore Pabla era stata l'unica a seguire i genitori nella loro attività commerciale. Non risulta affatto che avesse affidato a un mascalzone le proprietà di famiglia per fargliele bruciare al gioco, come sosteneva zia Anita; al contrario pare che le abbia amministrate con attenzione, comprando anche le quote dei fratelli che si erano trasferiti in Europa.

A Doralice è dedicato un paragrafo altrettanto scarno, da cui risulta solo che era chiamata affettuosamente Dora, che alla fine degli studi si era trasferita a Genova, dove si era sposata con l'ingegnere navale di origine siciliana (ma nato a Tunisi) Carlo De Carlo, e che il 12 dicembre 1919 aveva avuto un figlio di nome Giancarlo, da cui si era dovuta allontanare *abruptamente* dopo la separazione dal marito.

Dunque nessuna luce rivelatrice sul perché di quel brusco allontanamento: se speravo di trovare risposte a tutte le mie domande nella biografia di Adelqui, mi sbagliavo.

Non ci sono dubbi invece sul percorso di Hidalgo, al quale il biografo dedica un intero capitolo, intitolato *El primer Migliar que brilla en Europa*. Hidalgo era stato il primo dei fratelli, partiti dal Cile più o meno negli stessi anni *para desarollar sus talentos*, a ottenere buoni risultati. Dal 1913 in poi aveva cominciato a farsi conoscere come compositore e direttore d'orchestra nei teatri di Nizza, Cannes, Milano e Lione, dirigendo opere di Verdi,

Donizetti, Bellini, Puccini, Mascagni, Bizet e Gounod. La zia Velda non esagerava, quando mi diceva che suo padre era stato un musicista di rilievo. La sua assenza da Internet non cancella il fatto che avesse ricevuto medaglie d'oro dalla Garden Society di Milano e dalla Società Corale di Bologna per un suo inno a tre voci, un premio speciale dalla Società Verdi di Alessandria e diversi altri riconoscimenti. Nel 1921 si era trasferito a Londra, proprio come aveva raccontato la zia, e da lì era andato in Francia, poi di nuovo in Inghilterra. Il suo attaccamento alle radici italiane però non era mai venuto meno, tanto che aveva scelto di sposarsi ad Asti con la sua soprano Alice Raynaud.

È possibile che Doralice abbia seguito proprio lui nella sua controemigrazione, quindi intorno al 1913. Una scelta certamente avventurosa, ma molto meno assurda di uno sbarco in Europa a prima guerra mondiale già iniziata, come avevo pensato a lungo.

Ho ricevuto una nuova fotografia di Doralice da mia sorella

Ho ricevuto una nuova fotografia di Doralice da mia sorella, che l'ha scovata inaspettatamente dietro un cassetto, dove era scivolata.

È una posa di studio: lei in piedi, magra, appoggiata con le mani a una sedia. Indossa un lungo vestito bianco di stoffa leggera, con polsini che sembrano dorati, stretto in vita da una cintura alta, forse dorata anche quella. Ai piedi ha eleganti scarpine bianche chiuse da laccetti, con tacchi di media altezza. È girata di tre quarti, con il viso rivolto alla macchina fotografica, gli occhi che guardano di lato; sembra più serena che negli altri suoi ritratti, e mi colpisce quanto assomigli a mio padre.

La foto mi permette a sorpresa di colmare il primo dei due vuoti che la riguardano, quello tra la Doralice adolescente a Concepción con la famiglia e la Doralice ventenne a Genova con Carlo. Ma per la seconda volta mi lascia perplesso il suo vestito, con quella mantellina bianca che sembra una mazzetta vescovile, quella cintura forse dorata che sembra un corsetto. Ero ormai arrivato alla conclusione che non fosse mai esistita una compagnia teatrale Migliar, e invece quello che Doralice indossa può essere solo un abito di scena.

Con chi recitava, se la compagnia teatrale di famiglia era un'invenzione di zia Anita a scopo denigratorio? Non con Hidalgo, che a quel tempo era tutto preso dalla sua carriera musicale. Forse con Medardo e Adelqui che l'avevano coinvolta in qualche rappresentazione, prima di abbandonare il teatro e la sorella per dedicarsi ad attività artistiche più promettenti?

Sul retro c'è una scritta a matita, in una grafia sottile:

Milano, 1915.
Al mio adorato Carlo.

Quindi Doralice e Carlo si conoscevano da prima di quanto pensassi

Quindi Doralice e Carlo si conoscevano da prima di quanto pensassi, il che manda all'aria la mia idea di un incontro impetuoso al quale era seguita quasi subito una gravidanza. Se Doralice nel 1915 definiva Carlo *adorato*, i due dovevano frequentarsi almeno da qualche mese. E se lei faceva l'attrice come sembra dalla fotografia, è possibile che il mio futuro nonno si sia davvero innamorato di lei a teatro, come nei racconti tutt'altro che equanimi di zia Anita.

In ogni caso il loro non era stato un matrimonio tra semisconosciuti, come mi ero immaginato io. Dovevano essere già entrambi consapevoli della differenza clamorosa dei loro caratteri, della distanza dei loro retroterra. Eppure avevano continuato a vedersi e volersi, trascinati da un flusso di inevitabilità e dalla forza di attrazione degli opposti. Forse Doralice aveva provato a scrollarsi di dosso il giovane ingegnere navale innamorato, forse Carlo aveva tentato di lasciar perdere la giovane attrice senza arte né parte. Forse tra loro c'erano state rotture temporanee, separazioni dolorose, lacrime, notti insonni, lettere, telegrammi, ripensamenti, inseguimenti. Forse Carlo aveva viaggiato giorni interi per andare ad assistere a recite di Doralice in lontane città italiane o francesi, forse le aveva fatto una sorpresa alla fine dello spettacolo, e tutti e due erano stati travolti ancora una volta da sentimenti incontrollabili.

Doralice era tornata con lui a Genova solo perché le sue prospettive di attrice si erano dissolte nel nulla? Si era ritrovata mezza persa nel paese di origine dei genitori che però non era il suo, con le sorelle rimaste dall'altra parte del mondo e i fratelli trascinati altrove dai loro talenti e ambizioni? Carlo le era sembrato un'ancora di salvezza, con la sua natura ragionevole e misurata, le sue offerte di un'esistenza borghese come antidoto a una vita in continuo spostamento da una città all'altra, da un paese all'altro, da un continente all'altro?

E Carlo? Si era deciso a sposare Doralice per un senso cavalleresco dell'onore, benché ormai sapesse che le loro contraddizioni erano inconciliabili? I consigli e le pressioni della famiglia avevano avuto solo l'effetto di rinforzare il suo spirito protettivo, e forse anche il suo desiderio di controllo, nei confronti di quella che vedeva come una giovane donna allo sbando?

Poi cos'era successo? Il matrimonio e la gravidanza avevano esasperato il carattere di Doralice? L'avevano resa insofferente e imprevedibile, tutta scatti e reazioni eccessive? Le avevano fatto trascurare le sue responsabilità di madre, l'avevano spinta a mangiare e bere senza misura, scappare fuori di casa a tutte le ore? Era diventata sempre più grossa e lunatica mentre suo marito diventava sempre più esile e assennato, finché la ragionevolezza di lui era sembrata insopportabile a lei quanto la sconsideratezza di lei sembrava riprovevole a lui? È allora che erano cominciate le liti peggiori, gli scambi di accuse inaccettabili, le esplosioni di voci e gesti, i lanci di oggetti, in un crescendo accecante e assordante che una mattina o sera aveva portato Doralice ad afferrare un coltello da cucina e aggredire Carlo, davanti al loro figlio e mio futuro padre di due anni? Carlo era andato all'indietro a mani aperte, mentre le ripeteva di calmarsi? Doralice era andata in avanti con il braccio alzato, mentre gli gridava insulti in spagnolo? Le loro voci su registri diversi si erano sovrapposte, in una miscela di suoni incomprensibili? Una sedia o uno sgabello erano caduti di schianto a terra, il bambino si era messo a piangere disperato? Doralice si era fatta sotto e aveva affondato la lama con tutta la forza incontrollata che la attraversava? Carlo si era si era toccato la faccia, senza ancora sentire altro che stupore condensato e un vago senso di freddo? Aveva abbassato la mano e aveva guardato incredulo il sangue rosso che la bagnava, mentre il dolore cominciava a salire, bruciante? Doralice aveva lasciato cadere il coltello sul pavimento ed era rimasta immobile a osservare suo marito, incredula anche lei di quello che era appena successo e di tutto quello che era successo prima, del fatto di essere lì con lui, tra tutti i posti e le persone possibili al mondo?

Non lo so, e credo che non lo saprò mai. Avevo cominciato a mettere insieme i pezzi di questa storia con l'intento di risolvere un *cold case* a distanza di cent'anni: l'idea mi affascinava, e gli indizi non mancavano. Sentivo di averne bisogno: per capire chi fossero davvero i miei antenati e cosa fosse successo tra loro, quali fossero stati i loro caratteri e le loro ragioni, quali le ripercussioni a lungo termine dei loro modi di essere e di fare. Volevo anche capire le origini del mio sentirmi sempre uno sradicato, capace di ambientarmi quasi ovunque ma non di identificarmi del tutto in un luogo o in un ruolo, con alcuni vestiti, un computer portatile, una batteria ricaricabile e un coltello a serramanico divisi tra una valigia e uno zaino, pronti per una partenza improvvisa. Essere figlio e nipote di individui erranti regala libertà mentale e un senso insanabile di non appartenenza; non c'è verso di avere una cosa senza l'altra.

Però via via che raccoglievo elementi e formulavo ipotesi mi sono reso conto che non sarei mai arrivato a una conclusione certa. Tutto quello che potevo fare era avvicinarmi a una verità più plausibile delle altre, che continua a dissolversi ogni volta che sono sul punto di afferrarla.

Restano alcune fotografie, tracce di viaggi azzardati attraverso mari e continenti, testimonianze di capacità straordinarie, doti naturali e danni trasmessi nel sangue da una generazione all'altra, insieme a mille domande trascinate via dal tempo.

Indice

Finito di stampare
nel mese di novembre 2024
presso
Puntoweb srl
Ariccia (RM), Italia